DA数据分析师技能树系列

Python 数据分析

从小白到高手

▶ 全彩视频版

PYTHON DATA ANALYSIS
FROM BEGINNER TO EXPERT

王国平

编著

U0235247

化学工业出版社
·北京·

内容简介

大数据时代，掌握必要的数据分析能力，将大大提升你的工作效率和自身竞争力。Python是数据分析的一大利器，本书将详细讲解利用Python进行数据分析与可视化的相关知识。

《Python数据分析从小白到高手》主要内容包括：Python入门、搭建开发环境、语法、数据类型、数据加载、数据准备、数据可视化、机器学习、深度学习、自然语言处理等，并通过三个综合案例将这些知识加以运用。

本书内容丰富，采用全彩印刷，配套视频讲解，结合随书附赠的素材边看边学边练，能够大大提高学习效率，迅速掌握Python数据分析技能，并用于实践。

本书适合数据分析初学者、初级数据分析师、数据库技术人员等自学使用。同时，本书也可用作职业院校、培训机构相关专业的教材及参考书。

图书在版编目（CIP）数据

Python数据分析从小白到高手/王国平编著. —北京：化学工业出版社，2024.2
ISBN 978-7-122-44425-7

Ⅰ.①P… Ⅱ.①王… Ⅲ.①软件工具-程序设计 Ⅳ.①TP311.561

中国国家版本馆CIP数据核字（2023）第213062号

责任编辑：要利娜　　　　　　　　文字编辑：李亚楠　温潇潇
责任校对：杜杏然　　　　　　　　装帧设计：孙　沁

出版发行：化学工业出版社
　　　　　（北京市东城区青年湖南街13号　邮政编码100011）
印　　装：北京瑞禾彩色印刷有限公司
710mm×1000mm　1/16　印张20　字数344千字
2024年3月北京第1版第1次印刷

购书咨询：010-64518888　　　　售后服务：010-64518899
网　　址：http://www.cip.com.cn
凡购买本书，如有缺损质量问题，本社销售中心负责调换。

定　　价：99.00元　　　　　　　　版权所有　违者必究

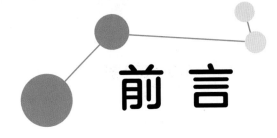

前 言

数据分析是指通过对数据进行收集、清洗、转换、处理、分析、可视化等一系列操作，从中提取有用信息、发现规律、支持决策的过程。Python是一种高级编程语言，具有简单、易学、灵活、可扩展等优点，广泛应用于数据分析领域。

在数据分析和机器学习研究热潮中，相关书籍大多偏重理论。由于Python是开源免费的，而且目前市场上从零基础深入介绍数据分析和机器学习的书籍较少，鉴于此背景，本书全面而系统地讲解了基于Python的数据分析和机器学习等技术。

此外，在某些情况下，数据分析可以帮助ChatGPT更好地理解并生成响应，例如分析用户对话历史记录，以根据过去的对话模式生成更准确的响应。因此，数据分析和ChatGPT可以相互支持，共同应用于更广泛的应用领域，如智能客服、智能写作、智能问答等。

本书既包括Python数据分析的主要方法和技巧，又融入了案例实战，使广大读者通过对本书的学习，能够轻松快速地掌握数据分析的主要方法。本书配套资源中包含案例实战中所采用的数据源，以及教学PPT和学习视频，供读者在阅读本书时练习使用。

⬤ 本书主要内容

9. Python 深度学习

10.Python 自然语言处理

11. 案例：金融量化交易分析

12. 案例：武汉市空气质量分析

13. 案例：阿尔茨海默病特征分析

附录 A：Python 学习 50 问

附录 B：Python 常用第三方包

**Python 数据分析
从小白到高手**

1. Python 入门

2. 搭建 Python 开发环境

3.Python 语法

4. Python 数据类型

5. Python 数据加载

6. Python 数据准备

7. Python 数据可视化

8. Python 机器学习

⬤ 使用本书的注意事项

（1）Python版本

本书是基于Python 3.10.9编写的，建议读者安装该版本进行学习。由于Python 3.9、Python 3.11与Python 3.10等版本间的差异不大，因此，本书也适用于其他版本。

（2）代码运行环境

在本书中，笔者使用的是基于Windows 64位家庭版的Anaconda开发环境，开发工具是其自带的Jupyter Lab，所有代码都可以在该环境中正常运行。

● 本书主要特色

特色1：本书内容丰富，涵盖领域广泛，适合各行业人士快速提升Python技能。

特色2：看得懂，学得会，注重传授方法、思路，以便读者更好地理解与运用。

特色3：贴近实际工作，介绍职场人急需的技能，通过案例学习效果立竿见影。

由于编著者水平所限，书中难免存在不妥之处，请读者批评指正。

编著者

目 录

1 Python 入门

2 搭建 Python 开发环境

3 Python 语法

4 Python 数据类型

5 Python 数据加载

6 Python 数据准备

7 Python 数据可视化

8 Python 机器学习

9 Python 深度学习

10 Python 自然语言处理

11 案例：金融量化交易分析

12 案例：武汉市空气质量分析

13 案例：阿尔茨海默病特征分析

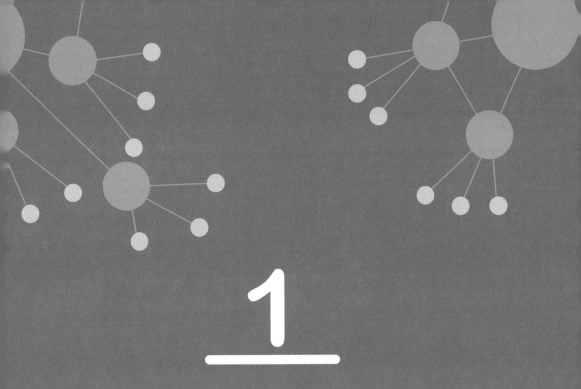

1

Python 入门

随着人工智能的兴起，对数据的需求呈指数级增长，同时网络和信息技术的发展不断地改变着人们的生活方式，产生的数据也呈爆炸式增长，在此背景下，数据分析技术应运而生。Python作为时下流行的编程语言，其丰富的第三方包为数据分析提供了高效的方法。

扫码观看本章视频

1.1　为什么选择 Python

1.1.1　人工智能与 ChatGPT

人工智能（AI）是研究、开发用于模拟、延伸和扩展人的智能的理论、方法、技术及应用系统的一门新的技术科学。近期，人们对 AI 聊天机器人 ChatGPT 的讨论异常火爆，ChatGPT 是美国人工智能公司 OpenAI 在 2022 年 11 月推出的一款强大的人工智能语言模型，如图 1-1 所示，它使用自然语言处理技术和机器学习算法来理解和回答用户的问题。数据显示，上线仅 2 个月，月活用户就接近 1 亿，这是互联网领域发展 20 年来增长最快的消费类应用。

ChatGPT 的横空出世，引发行业热议，一时风头无两。ChatGPT 是一款机器人聊天程序，本质上是人工智能技术驱动的自然语言处理工具，能够根据人的对话给予较高精度的回复。基于此，ChatGPT 可以成为人的好帮手，可以帮忙查资料，可以和人互动聊天，甚至能够自己生成原创内容。ChatGPT 的背后是算法、算力的发展。有数据显示，ChatGPT 所依据的 GPT-3.5 算法模型包含 1750 亿个参数，为有史以来参数最多的神经网络模型，其训练和内容生成与"大算力"的支持密不可分。

图 1-1　ChatGPT

直白地说，这款软件能够像 QQ、微信一样与我们进行多轮聊天互动，并能联系上下文，还能完成翻译文件、代写文案等工作，甚至程序员写的简单代码它也能完成。最关键的是，它还具有不断学习、进化的能力。值得一提的是，作为 AI 问答，ChatGPT 的逻辑和性能非常优秀，证明 AI 已经摆脱了玩具定位，逐渐成为一款有用的工具。与之前技术的不同点在于，ChatGPT是一个大模型，其对上下文语义的理解比其他AI算法更强，且数据积累速度比其他AI更快，具备成长性和可用性。有专家表示，ChatGPT已经接近甚至在某些领域超过了人类的对话水平，随着其不断迭代，达到甚至超过人类的对话能力是可以预期的。

ChatGPT是基于OpenAI的GPT模型的一个应用，GPT模型本身是用Python编写的，是一种基于深度学习的自然语言处理技术，使用了PyTorch等深度学习框架，模型还使用了Transformer架构，可以对输入的文本进行编码和解码，从而实现自然语言生成和理解的功能。

1.1.2 Python 与人工智能

Python在人工智能和ChatGPT等领域的应用非常广泛，它的简洁性和易读性使得它成为了开发人员的首选语言之一。在人工智能领域，Python被广泛用于机器学习、深度学习和神经网络等方面。Python的许多库和框架，如TensorFlow、PyTorch和Keras等，都是为了帮助开发人员更轻松地构建和训练机器学习模型而设计的。此外，Python还有许多用于数据处理和可视化的库，如NumPy、Pandas和Matplotlib等，这些库可以帮助开发人员更好地理解和处理数据。

在ChatGPT领域，Python也是一种非常流行的语言。ChatGPT是一种基于自然语言处理技术的聊天机器人，它可以模拟人类的对话，并且可以根据用户的输入提供有用的回答。Python的自然语言处理库NLTK和spaCy等，可以帮助开发人员更好地处理和分析自然语言数据。此外，Python还有许多用于构建聊天机器人的库和框架，如ChatterBot和Rasa等。

未来将是大数据、人工智能爆发的时代，到时将会有大量的数据需要处理，而Python最大的优势，就是对数据的处理有着得天独厚的优势，相信未来Python会越来越火。Python是一门计算机程序语言，目前在人工智能科学领域应用广泛，应用广泛就表明各种库、各种相关联的框架都是以Python作为主要语言开发出来的。

2023年6月，TIOBE公布了编程语言排行榜，如图1-2所示，其中Python的占比为12.46%，继续稳居第一，这是由于它很适合数据挖掘、机器学习、人工智能等领域和场景，也是程序员能够快速上手学习编程的语言之一。

Python是一门功能强大的编程语言，在计算机的很多领域都有着广泛的应

Jun 2023	Jun 2022	Change		Programming Language	Ratings	Change
1	1			Python	12.46%	+0.26%
2	2			C	12.37%	+0.46%
3	4	˄		C++	11.36%	+1.73%
4	3	˅		Java	11.28%	+0.81%
5	5			C#	6.71%	+0.59%
6	6		VB	Visual Basic	3.34%	−2.08%
7	7		JS	JavaScript	2.82%	+0.73%
8	13	˄	php	PHP	1.74%	+0.49%
9	8	˅	SQL	SQL	1.47%	−0.47%
10	9	˅	ASM	Assembly language	1.29%	−0.56%

图 1-2 编程语言排行榜

用，尤其是在数据科学领域，有着其他语言所无法比拟的特性，总的来说，具有以下几方面的优势。

① 语法简练。对于没有接触过计算机编程的初学者，相比其他编程语言，特别容易入门。

② 丰富的第三方资源库支持。Python之所以功能如此强大，很大程度上要归功于其丰富的第三方库，例如应用于数据科学领域的NumPy和Pandas。

③ 强大的"结合性"。Python提供多种方式和接口，可以很方便地与其他语言结合起来，构建高效的应用程序。

④ 适用于理论研究，也适用于工程实现。在产品的研究阶段和实现阶段使用同一门编程语言，不仅为企业节省了成本，还提高了开发效率。

⑤ 丰富的工具集。Python具有的各种各样的工具使它兼具脚本语言和系统语言的特点，不仅适合简单脚本程序的编写，还适合大型软件的开发。

1.2　Python 主要库简介

Python开源生态系统在过去的几年得到了快速发展。Python用于数据分析的第三方库非常丰富，其中常用的有NumPy、Pandas、Matplotlib、Sklearn等，这些库为数据分析工作提供了极大的便利。

1.2.1 NumPy

NumPy是Python科学计算的基础工具包，包含的功能非常全面丰富。最早是由Jim Hugunin与其他协作者共同开发了Numeric，在2005年，Travis Oliphant在Numeric中结合了Numarray的特色，并添加了其他扩展而开发了NumPy。

NumPy主要功能如下。

① 强大的多维数组对象：NumPy中的ndarray对象是一个多维数组，可以用来表示向量、矩阵等数学对象，以及任意维度的数据集合。

② 数组操作：NumPy提供了广泛的数组操作函数，包括数组的创建、索引、切片、合并、拆分、广播等。

③ 数学运算：NumPy支持大量的数学运算，包括基本的加、减、乘、除，还包括矩阵乘法、线性代数、随机数生成等。

④ 科学计算：NumPy还包括许多科学计算相关功能，包括傅里叶变换、信号处理、图像处理、统计分析等。

⑤ 快速高效：NumPy基于C语言实现，拥有高效的计算性能，并且可以与其他高性能计算库（如OpenBLAS、Intel MKL等）集成，大大提高了计算效率。

总之，NumPy是Python中流行的科学计算库之一，为数据科学、机器学习、深度学习等各种领域的计算提供了强大的支持。

下面我们从一维数组开始介绍。在NumPy中，通过np.array的方式创建数组，并赋给变量data，数值的顺序是没有排序的，代码如下：

```
import numpy as np
data = np.array([3,1,4,1,5,9,2,6,5,3])
```

NumPy最重要的一个特点就是其n维数组对象，也就是ndarray，该对象是一个快速而灵活的通用同构数据多维容器，其中的所有元素必须是相同类型的。例如，我们这里重新定义数值data，将其修改为2×5的数组，代码如下所示：

```
import numpy as np
data = np.array([[3,1,4,1,5],[9,2,6,5,3]])
print(data)
```

运行结果如下：

```
[[3 1 4 1 5]
 [9 2 6 5 3]]
```

1.2.2 Pandas

Pandas 是一个基于NumPy的数据处理工具，它提供了一种高效、灵活、易用的数据结构，用于处理关系型、标签型、时间序列等各种类型的数据。Pandas的主要功能如下。

① 数据读取和写入：Pandas 可以读取和写入多种格式的数据，包括CSV、Excel、SQL数据库、JSON、HTML等。

② 数据清洗和预处理：Pandas提供了一系列数据清洗和预处理的函数，如缺失值处理、重复值处理、数据类型转换、数据合并、数据透视等。

③ 数据分析和统计：Pandas提供了丰富的数据分析和统计函数，如聚合、分组、排序、排名、统计描述、数据可视化等。

④ 时间序列分析：Pandas专门针对时间序列数据提供了一系列函数，如时间戳转换、时间范围生成、时间序列重采样、时间序列对齐、时间序列绘图等。

⑤ 数据可视化：Pandas可以与Matplotlib、Seaborn等可视化库结合使用，生成各种类型的数据可视化图表。

Pandas的数据结构包括两种主要类型：Series和DataFrame。Series是一种一维数组结构，类似于带标签的NumPy数组；DataFrame是一种二维表格结构，类似于关系型数据库中的表格。Pandas还提供了Panel和Panel4D等多维数据结构，但在实际应用中较少使用。

下面就通过例子介绍序列Series，首先需要导入相关的包，代码如下：

```
import pandas as pd
from pandas import Series
```

例如创建序列source_1，它包含企业2023年1月份广告（ad）、电话（tel）、搜索（srch）、介绍（intr）、其他（other）等不同渠道来源的客户数量，分别为68人、51人、43人、22人、16人，代码如下所示：

```
source_1 = pd.Series([68,51,43,22,16])
source_1
```

运行结果如下：

```
0    68
1    51
2    43
```

6

```
3      22
4      16
dtype: int64
```

此外，数据框DataFrame是一个表格型的数据结构，它含有一组有序的列，每列可以是不同的值类型（数值、字符串、布尔值等）。

在创建DataFrame之前，首先需要导入相关的包，代码如下：

```
import pandas as pd
from pandas import DataFrame
```

如果通过字典创建DataFrame，它会自动加上索引，默认是从0开始，例如创建企业2023年前6个月不同渠道来源客户数量的DataFrame，代码和输出如下所示：

```
source_h1 = {'月份':['1月','2月','3月','4月','5月','6月'],'ad':[68,
63,76,60,95,89],'tel':[51,51,66,54,80,80],'srch':[43,43,49,43,
78,69],'intr':[22,22,30,30,65,47],'other':[16,18,12,29,27,34]}
source_h1 = pd.DataFrame(source_h1)
print(source_h1)
```

运行结果如下：

	月份	ad	tel	srch	intr	other
0	1月	68	51	43	22	16
1	2月	63	51	43	22	18
2	3月	76	66	49	30	12
3	4月	60	54	43	30	29
4	5月	95	80	78	65	27
5	6月	89	80	69	47	34

1.2.3 Matplotlib

Matplotlib是一个2D Python绘图库，使用该库可以绘制出高质量、跨平台、具有交互性的可视化图表。Matplotlib库占据Python可视化程序库的高级地位，在几十年的程序变更中，它依然是Python社区中使用最广泛的数据可视化绘图库，它的设计与MATLAB基本一致。

虽然Python绘图库众多，各有其特点，但是Matplotlib是基础的可视化库，如果需要学习Python数据可视化，那么Matplotlib是非学不可的，掌握Matplotlib之后就可以很容易地学习其他库。在数据分析中，可以使用Matplotlib呈现对数据的分析处理过程，形象地展示数据分析的结果。

下面演示一个比较简单的Matplotlib数据可视化的例子，例如，需要按班级和性别统计某次考试的成绩，通过条形图对结果进行可视化分析，具体代码如下：

```python
#导入相关库
import numpy as np
import matplotlib.pyplot as plt

#图形显示中文
plt.rcParams['font.sans-serif']=['SimHei']
plt.rcParams['axes.unicode_minus'] = False
N = 5          #组数
menMeans = (80, 85, 80, 85, 81)
womenMeans = (85, 82, 84, 80, 82)
menStd = (2, 3, 4, 1, 2)
womenStd = (3, 5, 2, 3, 3)
ind = np.arange(N)          #组的位置
width = 0.35                #条形图的宽度

#绘制条形图
plt.figure(figsize=(11,7))
p1 = plt.bar(ind, menMeans, width, yerr=menStd)
p2 = plt.bar(ind, womenMeans, width, bottom=menMeans,
yerr=womenStd)

#设置条形图
plt.ylabel('考试成绩',fontsize=16)
plt.title('按年级和性别统计分析考试成绩',fontsize=20)
plt.xticks(ind, ('一年级', '二年级', '三年级', '四年级', '五年
级'),fontsize=16)
plt.yticks(np.arange(0, 210, 20),fontsize=16)
plt.legend((p1[0], p2[0]), ('男', '女'),fontsize=16)
plt.show()
```

运行上面的代码，可以绘制出学生考试成绩的条形图，如图1-3所示，其中下方是男生的考试成绩，上方是女生的考试成绩。从图形可以看出每个年级的考试成绩情况。

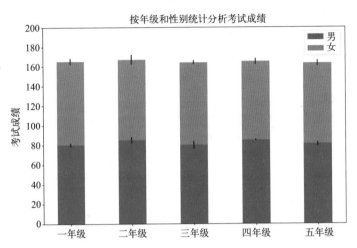

图 1-3　条形图

1.2.4　Sklearn

Sklearn是Python重要的机器学习库，建立在NumPy、SciPy和Matplotlib之上，其中封装了大量的机器学习算法，如：分类、回归、降维和聚类。Sklearn拥有完善的文档，使得它具有上手容易的优势；并且内置了大量的数据集，节省了获取和整理数据集的时间。

截至2023年6月，Sklearn的最新版本是1.2.2，安装命令如下：

```
pip install scikit-learn
```

Sklearn的算法可以分为监督式机器学习和无监督式机器学习两种。其中监督式学习是一种机器学习方法，它使用标记的数据集来训练模型，以便能够预测新数据的标记。主要的监督式机器学习算法如表1-1所示。

表1-1　监督式机器学习算法

模块名	应用领域
Linear Models	线性模型
Linear and Quadratic Discriminant Analysis	线性和二次判别分析
Kernel Ridge Regression	核岭回归

模块名	应用领域
Support Vector Machines	支持向量机
Stochastic Gradient Descent	随机梯度下降
Nearest Neighbors	最近邻
Gaussian Processes	高斯过程
Cross Decomposition	交叉分解
Naive Bayes	朴素贝叶斯
Decision Trees	决策树
Ensemble Methods	集成方法
Multiclass and Multilabel Algorithms	多类和多标签算法
Feature Selection	功能选择
Semi-Supervised	半监督
Isotonic Regression	等渗回归
Probability Calibration	概率校准
Neural Network Models (Supervised)	监督神经网络模型

无监督式机器学习是指在没有标签的情况下对数据进行建模和分析，Sklearn中主要的无监督式机器学习算法如表1-2所示。

表1-2 无监督式机器学习算法

模块名	应用领域
Gaussian Mixture Models	高斯混合模型
Manifold Learning	流形学习
Clustering	聚类
Biclustering	集群化
Decomposing Signals in Components	分解组件中的信号
Covariance Estimation	协方差估计
Novelty and Outlier Detection	新颖性和异常检测
Density Estimation	密度估算
Neural Network Models (Unsupervised)	无监督神经网络模型

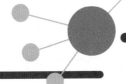

1.3 如何学习 Python

Python是一门相对比较热门的编程语言，应用范围也非常的广泛。那么初学者应该怎样学习Python呢？下面分享一些个人学习经验。

学习Python的主要步骤如下。

① 了解Python的基础知识。Python是一种高级编程语言，具有简单易学、可读性强、功能强大等特点。在开始学习Python之前，需要了解Python的基础知识，例如Python的历史、特点、应用领域等。

② 学习Python的语法。Python的语法简单易懂，但也需要花费一定的时间来学习。可以通过阅读Python的官方文档、参考书籍、在线教程等方式来学习Python的语法。

③ 练习编写Python程序。学习Python的语法之后，需要通过实践来巩固所学知识。可以通过编写简单的Python程序来练习，例如打印输出、变量、运算符、条件语句、循环语句等。

④ 学习Python的标准库。Python的标准库包含了大量的模块和函数，可以帮助我们完成各种任务。需要学习Python的标准库，例如字符串处理、文件操作、网络编程、GUI编程等。

⑤ 学习Python的第三方库。Python的第三方库可以扩展Python的功能，例如NumPy、Pandas、Matplotlib等。需要学习Python的第三方库，以便更好地完成各种任务。

⑥ 参与Python社区。Python拥有庞大的社区，可以通过参与Python社区来学习更多的知识，例如参加Python的会议、加入Python的邮件列表、参与Python的开源项目等。

总之，学习Python需要不断地实践和探索，只有不断地学习和实践，才能掌握Python的技能。

要说多久能学会Python是没有准确答案的，这个因人而异，由浅入深地学习Python基础、函数、面向对象等，高效学习Python的方法有以下三点。

方法1：确定学习方向。

学习Python不仅是为了了解这门语言，最重要的是学会运用这门语言来解决问题。所以可以在学习之前想好，是为了做些什么。是数据分析、网络爬虫、人工智能，还是网站搭建。因为Python的应用方向实在是太广了。想要一次性学会所有明显是不现实的，而且在Python基础知识学完之后，应用方向不同，要学习的东西也会大不相同，这个要提前考虑。

方法2：明确就业方向。

Python相关的工作很多，目前相关职位主要有数据分析师、后端程序员、自动化测试、网站开发、自动化运维、游戏开发者，这些行业在薪资待遇上可能会有一些区别，但是整体来看还是很好的，不能说往哪个方向发展是最好的，各取所长选择自己感兴趣的去学习就好。

方法3：规划学习路线。

这个学习路线就是上面提到的每个部分需要完成的目标是什么，需要学习哪些知识点，哪些知识是暂时不必要的，大家需要针对自己的实际情况来制订学习计划，保证每学习一个部分就能够有实际的成果输出，利用学习成果产出来形成正向刺激，激励后续的学习。

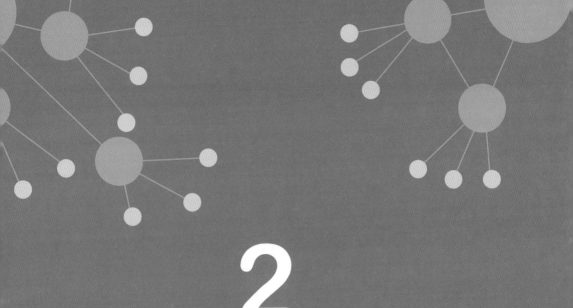

2

搭建 Python 开发环境

工欲善其事必先利其器，Python 的学习过程少不了代码开发环境，良好的代码开发环境可以帮助开发者加快开发速度，提高效率。Python的开发环境较多，如 Anaconda、PyCharm 等。本章介绍 Python可视化编程的基础，包括软件的安装、搭建代码开发环境等。本书中使用的环境是基于 Python 3.10.9的 Anaconda。

扫码观看本章视频

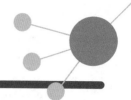

2.1 Anaconda

2.1.1 什么是 Anaconda

Anaconda是一个开源的Python发行版，它包含了Python解释器、常用的Python库和工具，以及一个方便的包管理系统。Anaconda的目标是使Python的安装和管理变得更加简单，同时提供了一些科学计算和数据分析所需的库和工具，如NumPy、Pandas、Matplotlib等。

Anaconda还提供了一个名为conda的包管理工具，可以方便地安装、更新和卸载Python包。除了Python，Anaconda还支持其他编程语言和工具，如R、Julia、Jupyter Notebook等。Anaconda适用于数据科学家、研究人员和开发人员等多个领域。

Anaconda是一个打包的集合，里面包含Numpy、Pandas、Matplotlib等720多个数据科学相关的开源包，在数据分析、数据可视化、机器学习、深度学习、大数据和人工智能等多方面都有涉及，包括Scikit-learn、TensorFlow和PyTorch等，如图2-1所示。

图2-1　主要机器学习库

Anaconda是专注于数据分析的Python发行版本，包含了conda、Python等多个科学包及其依赖项。Anaconda的优点总结起来就八个字：省时省心、分析利器。

· 省时省心：Anaconda通过管理工具包、开发环境、Python版本，大大简化了开发者的工作流程。不仅可以方便地安装、更新、卸载工具包，而且安装时能自动安装相应的依赖包，同时还能使用不同的虚拟环境隔离不同要求的项目。

· 分析利器：Anaconda官网是这么宣传自己的——适用于企业级大数据分析的Python工具。其包含了720多个数据科学相关的开源包，在数据可视化、机器学习、深度学习等多方面都有涉及。不仅可以做数据分析，甚至可以用在大数据和人工智能领域。

2.1.2　安装Anaconda

Anaconda的安装过程比较简单，首先进入Anaconda的官方网站下载需要的版本，这里选择Windows版本的64-Bit Graphical Installer，如图2-2所示。如果官方网站下载速度较慢，还可以到清华大学开源软件镜像站进行下载。

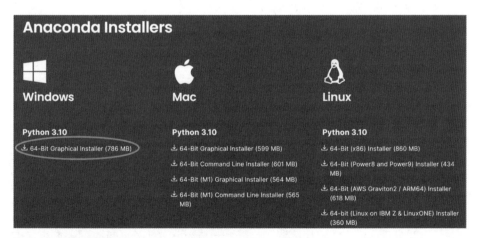

图2-2　下载Anaconda

软件下载好后，以管理员身份运行"Anaconda3-2023.03-1-Windows-x86_64.exe"文件，单击"Next"按钮，安装过程比较简单，最后单击"Finish"按钮即可，安装的主要过程如图2-3所示。

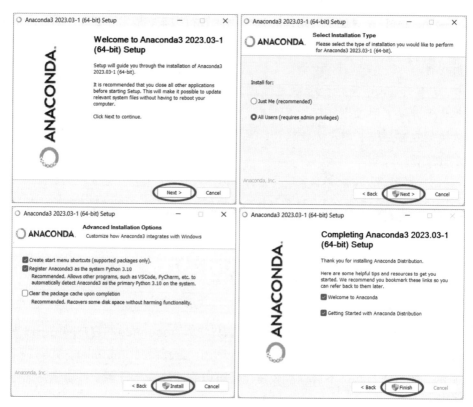

图2-3 安装 Anaconda

安装结束后，正常情况下会在电脑的"开始"菜单中出现"Anaconda3 (64-bit)"选项，单击"Anaconda Prompt"，然后输入 Python，如果出现 Python 版本的信息，说明安装成功，如图2-4所示。

Anaconda是一个基于 Python 的数据处理和科学计算平台，内置了许多

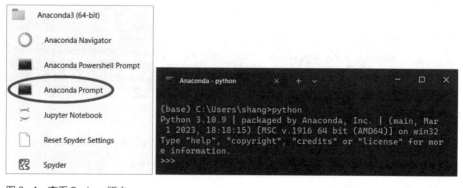

图2-4 查看 Python 版本

非常有用的第三方库，装上Anaconda，就相当于把Python和一些如Numpy、Pandas、Scrip、Matplotlib等常用的库自动安装好了。如果选择非集成环境Python的话，那么还需要使用"pip install"命令逐个安装各种库，尤其是对于初学者来说这个过程是非常痛苦的。

Python第三方包虽多，但是调包有的时候不够便捷，因为安装包不是安装失败就是安装得很慢，很影响自己的工作进度，可能还会报错，这是由于我们在cmd窗口进行pip安装的时候，默认是去下载国外资源，这样网速不稳定甚至没有网速，解决办法如下。

① 第一种方法，首先搜索需要安装的包名称，然后去国外的网站进行下载。进行本地包安装时，我们可以在窗口中看到系统会自动安装相关包，但是可能也会出现下载失败的情况，出现这种情况，只需继续去国外网站下载该缺失的包，然后再在本地安装即可。

② 第二种就是一劳永逸的方法，选择国内镜像源，相当于从国内的一些机构下载所需的Python第三方包。那么如何选择国内镜像源呢？如何配置呢？

首先，在电脑中显示隐藏的文件，并找到C:\Users\shang\AppData\Roaming，其中"shang"是个人的电脑名称，然后在该路径下新建一个文件夹，命名为"pip"，然后在pip文件夹中新建一个txt格式的文本文档，将下面这些代码复制到文本文档中，关闭保存。最后将文本文档重新命名为"pip.ini"，这样就创建了一个配置文件。

```
[global]
timeout = 60000
index-url = https://pypi.tuna.tsinghua.edu.cn/simple
[install]
use-mirrors = true
mirrors = https://pypi.tuna.tsinghua.edu.cn
```

文档中的链接地址还可以更换为如下的地址：
- 阿里云 http://mirrors.aliyun.com/pypi/simple/
- 中国科技大学 https://pypi.mirrors.ustc.edu.cn/simple/
- 豆瓣 (douban) http://pypi.douban.com/simple/
- 中国科学技术大学 http://pypi.mirrors.ustc.edu.cn/simple/

这样后续使用pip安装第三方包的时候，就默认选择国内源进行安装，安装速度很快。

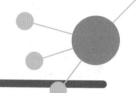

2.2 常用开发工具

Python数据分析的常用代码开发工具有Spyder、Jupyter Lab和PyCharm，由于本书研究的是数据分析，需要经常展示一些图表，相对而言，个人认为Jupyter Lab这个开发工具比较适合，下面逐一进行介绍。

2.2.1 Spyder

安装Anaconda后，默认是安装Spyder工具的，因此不需要再单独安装。Spyder是Python的作者为它开发的一个简单的集成开发环境，与其他的开发环境相比，它最大的优点就是模仿MATLAB的"工作空间"的功能，可以方便地观察和修改数组的值。

Anaconda安装成功后，默认会将Spyder的启动程序添加到环境变量中，可以通过在电脑的"开始"按钮下点击其快捷方式启动，启动程序为Spyder，也可以在命令提示符中输入"spyder"命令，如图2-5所示。

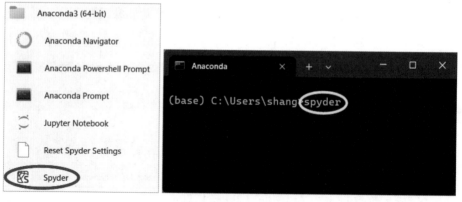

图2-5　Spyder 启动程序

Spyder是一个基于Python的集成开发环境（IDE），它提供了一个用户友好的界面，方便用户进行Python编程和调试。以下是Spyder的主要界面组件。

·菜单栏：包含文件、编辑、运行、调试、工具等菜单，提供了各种操作和功能。

·工具栏：包含常用的操作按钮，如新建文件、保存、运行、调试等。

· 编辑器：用于编写代码的区域，支持语法高亮、自动缩进、代码补全等功能。

· 变量资源管理器：显示当前程序中定义的变量和对象，方便用户查看和调试。

· 控制台：用于执行代码和查看输出结果，支持交互式编程。

· 文件浏览器：显示当前工作目录下的文件和文件夹，方便用户管理文件。

· 帮助窗口：提供了 Spyder 的使用文档和 Python 的官方文档。

总之，Spyder 的界面非常直观和易于使用，适合 Python 初学者和专业开发人员，用户可以根据自己的喜好调整它们的位置和大小，如图 2-6 所示。

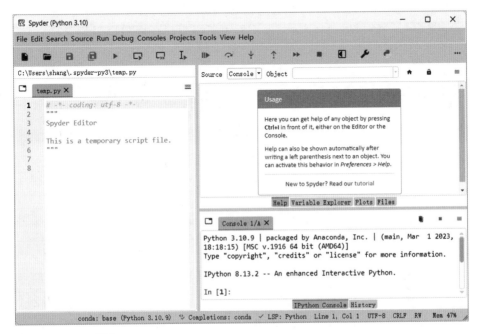

图 2-6　Spyder 页面

从图中可以看到 "Editor" "Console" "Variable Explorer" "Files" "Help" 等窗格，表 2-1 中列出了 Spyder 的主要窗格及其作用。

表 2-1　Spyder 主要窗格及其作用

窗格名称	作用
Editor	编辑程序，可用标签页的形式编辑多个程序文件
Console	在别的进程中运行的 Python 控制台
Variable Explorer	显示 Python 控制台中的变量列表
Files	文件浏览器，用于打开程序文件或者切换当前路径
Help	查看对象的说明文档

在使用Spyder进行代码开发时，需要在Editor窗格中的空白区域编写代码，例如"print("Hello Python!")"，编写完毕后，可以通过工具栏上的运行按钮执行程序，快捷键是F5，可以在右下方的Console窗格中看到结果，如图2-7所示，如果程序有问题，还会显示报错信息等。

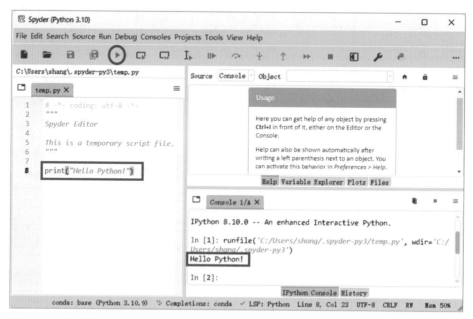

图2-7　运行示例程序

快捷键可以方便我们进行代码的开发和测试，Spyder的常用快捷键如表2-2所示，此外可以通过Tools→Preferences→Keyboard Shortcut查看所有快捷键。

表2-2　Spyder常用快捷键

快捷键	说明
Ctrl+R	替换文本
Ctrl+1	单行注释，单次注释，双次取消注释
Ctrl+4	块注释，单次注释，双次取消注释
F5	运行程序
Ctrl+P	文件切换
Ctrl+L	清除shell
Ctrl+I	查看某个函数的帮助文档

快捷键	说明
Ctrl+Shift+V	调出变量窗口
Ctrl+up	回到文档开头
Ctrl+down	回到文档末尾

2.2.2 Jupyter Lab

Jupyter Lab是Jupyter Notebook的最新一代产品，它集成了更多功能，是使用Python（R、Julia、Node等其他语言的内核）进行代码演示、数据分析、数据可视化等的好用工具，对Python的愈加流行和在AI领域的领导地位有很大的推动作用，它是本书默认使用的代码开发工具。

安装Anaconda后，默认安装Jupyter Lab工具，启动Jupyter Lab的方法比较简单，只需要在命令提示符中输入"jupyter lab"命令即可。Jupyter Lab程序启动后浏览器会自动打开编程窗口。

可以看出，Jupyter Lab左边是存放笔记本的工作路径，右边就是我们需要创建的笔记本类型，包括Notebook和Console，还可以创建Text File、Markdown File、Show Contextual Help等其他类型文件，如图2-8所示。

图 2-8　Jupyter Lab 界面

我们可以对Jupyter Lab的参数进行修改，如对远程访问、工作路径等进行设置，配置文件位于C盘系统用户名下的.jupyter文件夹中，文件名称为"jupyter_notebook_config.py"。

如果配置文件不存在，需要自行创建，点击图2-8中的Other选项下的"Terminal"，使用"jupyter notebook --generate-config"命令生成配置文件，并且会显示出文件的存储路径及名称，如图2-9所示。

图2-9　配置Jupyter Lab

Jupyter Lab提供了一个命令来设置密码：jupyter notebook password。生成的密码存储在jupyter_notebook_config.json文件中，下方将会显示文件的路径及名称，如图2-10所示。

图2-10　配置Jupyter Lab密码

如果需要允许远程登录，还需要在jupyter_notebook_config.py中找到下面的几行，取消注释并根据项目的实际情况进行修改，修改后的配置如下：

```
c.NotebookApp.ip = '*'
c.NotebookApp.open_browser = False
c.NotebookApp.port = 8888
```

如果需要修改Jupyter Lab的默认工作路径，需要找到下面的行，取消注释并根据项目的实际情况进行修改，修改后的配置如下：

```
c.NotebookApp.notebook_dir = u'D:\\Python数据分析从小白到高手'
```

待需要配置的参数都修改后，需要重新启动Jupyter Lab才能生效，首先需要我们输入刚刚配置的密码，如图2-11所示。

图2-11　输入密码

输入密码后，再点击"Log in"按钮，在新的编程窗口中，左边工作路径发生了变化，现在呈现的就是在D盘"Python数据分析从小白到高手"文件夹下。

2.2.3　PyCharm

PyCharm也是一个比较常见的Python代码开发环境，可以帮助用户在使用Python语言开发时提高效率，比如调试、语法高亮、Project管理、代码跳转、智能提示、自动完成、单元测试、版本控制等。

在开始安装PyCharm之前需要确保电脑上已经安装了Java 1.8以上的版本，并且已配置好环境变量。安装好PyCharm后，还需要配置其代码开发环境，首次启动PyCharm，会弹出配置窗口，如图2-12所示。

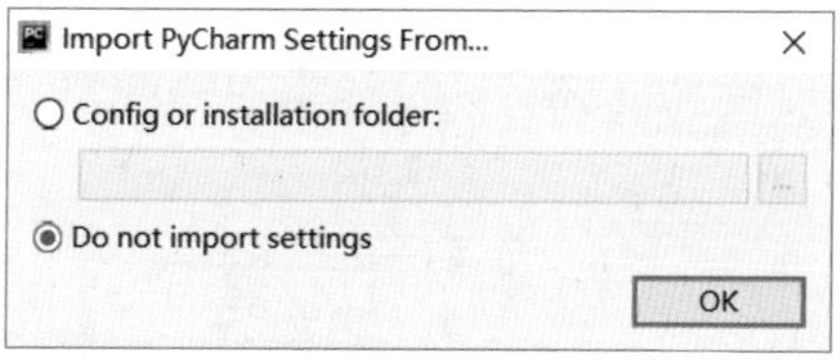

如果之前使用过 PyCharm并有相关的配置文件，则在此处选择导入；如果没有，默认即可，点击"OK"按钮。在同意用户使用协议页面，勾选确认同意选项，并点击"Continue"按钮，如图2-13所示。

确定是否需要进行数据共享，可以直接选择"Don't send"按钮，如

图2-12　软件配置窗口

图2-13　用户使用协议

图2-14所示。选择主题，左边为黑色主题，右边为白色主题，根据需要选择，这里我们选择"Light"类型，并点击"Next:Featured plugins"按钮继续后面的插件配置，如图2-15所示。

图2-14　数据共享设置　　　　图2-15　选择软件主题

　　PyCharm设置完成后，点击"Create New Project"选项，就可以开始创建一个新的Python项目。在新建新项目的页面，在"Location"中设置项目名称和选择解释器，注意这里默认使用Python的虚拟环境，即第一个"New environment using"选项，再点击"Create"按钮，如图2-16所示。

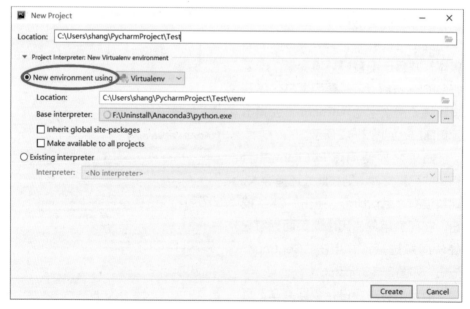

图2-16　配置新项目

如果不使用虚拟环境，一定要修改，则需要选择第二个 "Existing interpreter" 选项，然后选择需要添加的解释器，再点击 "Create" 按钮，如图2-17所示。在弹出的PyCharm欢迎页面，去掉 "Show tips on startup"，不用每次都打开欢迎界面，点击 "Close" 按钮，退出使用指导过程。

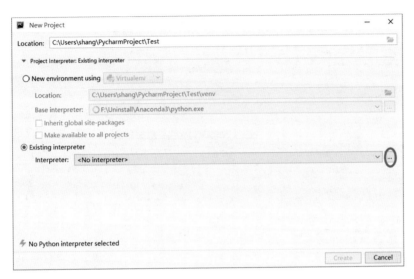

图2-17　配置解释器

创建Python文件，在项目名称的位置点击鼠标右键，依次选择 New 和 Python File，输入文件名称Hello，并按回车键即可，如图2-18所示。

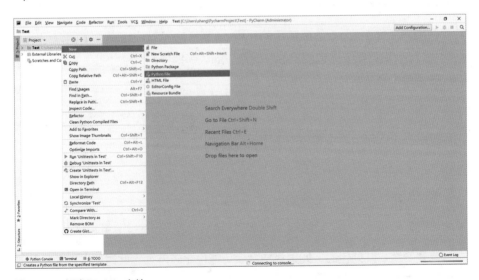

图2-18　新建 Python 文件

在文件中输入代码"print("Hello Python!");"，然后在文件中任意空白位置点击鼠标右键，选择"Run'Hello'"选项，在界面的下方，显示Python代码的运行结果，如图2-19所示。

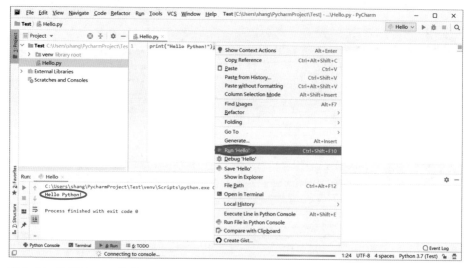

图 2-19　运行 Python 代码

2.3　包管理工具 pip

在实际工作中，pip是最常用的Python第三方包管理工具，下面介绍一下如何通过pip进行第三方包的安装、更新、卸载等操作。

安装单个第三方包的命令如下：

```
pip install packages
```

安装多个库包，需要将包的名字用空格隔开，命令如下：

```
pip install package_name1 package_name2 package_name3
```

安装指定版本的包，命令如下：

```
pip install package_name==版本号
```

当要安装一系列包时，如果写成命令可能也比较麻烦，此时可以把要安装的包名及版本号写到一个文本文件中。例如，文本文件的内容与格式如下：

```
arrow==1.2.2
astropy==5.1
astunparse==1.6.3
```

然后再使用 -r 参数在线安装上述文本文件下的包：

```
pip install -r 文本文件名
```

查看可升级的第三方包的命令如下：

```
pip list -o
```

更新第三方包的命令如下：

```
pip install -U package_name
```

使用 pip 工具，可以很方便地卸载第三方包。卸载单个包的命令如下：

```
pip uninstall package_name
```

批量卸载多个包的命令如下：

```
pip uninstall package_name1 package_name2 package_name3
```

卸载一系列包的命令如下：

```
pip uninstall -r 文本文件名
```

此外，在 Jupyter Lab 中也可以很方便地使用 pip 工具，在 Jupyter Lab 窗口中单击 "Console" 控制台，如图 2-20 所示。

然后，在下方的代码输入区域输入相应的代码，也可以使用 pip 安装、更新和卸载第三方包。

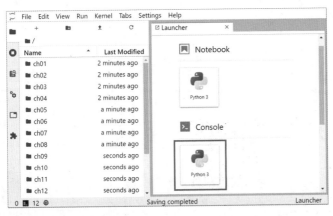

图 2-20　打开 Console

27

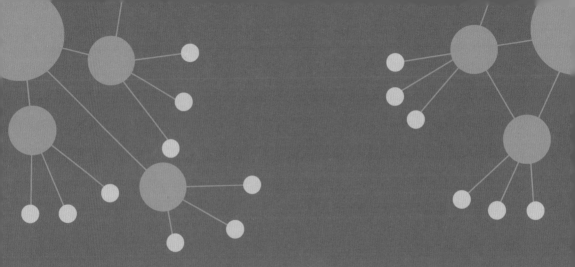

3

Python 语法

Python是一种计算机编程语言，与我们日常使用的自然语言有所不同。最大的区别就是自然语言在不同的语境下有不同的理解，而计算机要根据编程语言执行任务，就必须保证编程语言写出的程序绝不能有歧义。所以本章我们详细介绍Python程序的基础语法、运算符和优先级、常用技巧等。

扫码观看本章视频

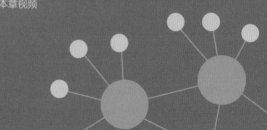

3.1 Python 基础语法

3.1.1 变量及其命名

在学校的图书馆中，图书管理员会将书放到固定的且已经编好位置号的书架上，借阅者通过检索图书馆系统的书籍编号及其索引，然后在图书馆中按照这个索引查找指定的书籍，这个索引其实就是给书籍存放的书架位置起了一个名字，方便后期读者查找和使用。

同理，在Python程序开发过程中，数据都是临时存储在内存中，为了快速地查找或使用数据，通常我们会把这个数据在内存中存储之后定义一个名称，这个名称就是变量。可以看出变量就是当前数据所在内存地址的名字。

定义变量的格式如下：

变量名=值

变量名可以自定义，但是需要满足Python变量标识符的命名规则，每种开发语言都有自己特有的命名规则。Python中定义各种名字时的统一规范，具体如下。

- 由数字、字母、下划线组成；
- 不能用数字开头；
- 不能使用内置关键字；
- 严格区分大小写。

Python关键字指的是Python软件本身"已经在使用"的名字，因此在给变量命名的时候不能使用这些名字。35个内置关键字如表3-1所示。

表3-1　Python内置关键字

False	None	True	and	as	assert	break	class
continue	def	del	elif	else	except	finally	for
from	global	if	import	in	is	lambda	nonlocal
not	or	pass	raise	return	try	while	with
yield	async	await					

可以使用下面的代码查看Python中所有内置关键字：

```
import keyword
```

```
print(keyword.kwlist)
```

通常，软件程序员为了使自己的代码更容易地在同行之间交流，所以多采取统一的可读性比较好的命名方式。当Python变量名是由两个或多个单字连接在一起而构成的唯一识别字时，一般利用"驼峰式大小写"来表示，可以增加变量的可读性。

- 大驼峰：每个单词首字母都大写，例如MyName。
- 小驼峰：第二个（含）以后的单词首字母大写，例如myName。

下面列举一些常见的错误命名方法。

- 123n：不能以数字开头。
- -study：不能使用短横线。
- continue：不能使用内置关键字。
- my+title：不能包含除了数字、英文字母和下划线以外的字符。

此外，与其他一些开发软件不同，在Python中为变量命名时一定要区分大小写，如score与Score在Python中就是两个不同的变量。

3.1.2 代码行与缩进

Python使用空格来组织代码，而且一般使用4个空格（英文状态），不像R、C++、Java和Perl等其他编程语言一样使用括号，例如，使用for循环求1到100所有数的和，代码如下：

```
sum = 0
for i in range(1,101):
    sum = sum + i
print(sum)
```

运行上述代码，在下方会输出运算结果为5050。

注意：Python中的缩进空格数是可变的，但是在同一个代码块中必须包含相同数量的缩进空格。通常，在Jupyter Lab中，正常情况下，变量是显示为绿色的，如果缩进不符合要求，变量会显示为红色。

在Python中，通常是一行写完一条语句，如果写多条语句需要使用分号分隔。此外，如果语句很长，还可以使用反斜杠（\）来实现换行，但是在[]、{}或()中的多行语句不需要使用反斜杠。例如客户的主要渠道来源（source）有广告（ad）、电话（tel）、搜索（srch）、介绍（intr）、其他（other），代码如下：

```
ad= 68; tel = 51; srch = 43; intr = 22; other = 16
source_l = ad + tel + \
           srch + intr + other
source_l = ["ad", "tel", "srch",
        "intr", "other"]
```

3.1.3　条件 if 及 if 嵌套

　　前面我们看到的代码都是顺序执行的，也就是先执行第1条语句，然后是第2条、第3条……，一直到最后一条语句，这称为顺序结构。

　　但是在很多情况下，顺序结构的代码是远远不够的，例如，一项产品限制了只能成年人使用，儿童因为年龄不够，没有权限使用，这时候程序就需要做出判断，看用户是不是成年人，并给出提示信息。

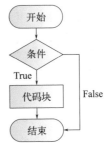

图 3-1　if 语句的流程图

　　在Python中，可以使用if else语句对条件进行判断，然后根据不同的结果执行不同的代码，这称为选择结构或者分支结构。

　　Python中的if else语句可以细分为以下三种形式，分别是if语句、if else语句和if嵌套语句，它们的执行流程如图3-1、图3-2和图3-3所示。

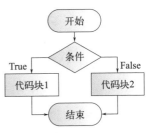

图 3-2　if else 语句的流程图

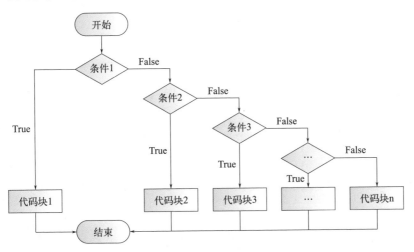

图 3-3　if 嵌套语句的流程图

例如，目前学校在低年级的考试中，老师一般不会直接公布学生的具体成绩，但会将成绩进行分等级，这里就可以使用if嵌套语句实现，代码如下：

```
score = 95;

if score < 60:
    print("不及格")
else:
    if score <= 75:
        print("一般")
    else:
        if score <= 90:
            print("良好")
        else:
            print("优秀")
```

运行上述代码，输出为"优秀"，当然这个需求还有很多实现方法，这里就不再逐一列出。

3.1.4　循环 while 与 for

Python中，while循环和if条件分支语句类似，即在条件（表达式）为真的情况下，会执行相应的代码块。不同之处在于，只要条件为真，while就会一直重复执行代码块。

while语句的语法格式如下：

```
while条件表达式:
    代码块
```

这里的代码块，指的是缩进格式相同的多行代码，不过在循环结构中，它又称为循环体。while语句执行的具体流程为：首先判断条件表达式的值，其值为真（True）时，则执行代码块中的语句，当执行完毕后，再回过头来重新判断条件表达式的值是否为真，若仍为真，则继续重新执行代码块……如此循环，直到条件表达式的值为假（False），才终止循环。while循环结构的流程图如图3-4所示。

在Python中，for循环是使用比较频繁的，常用于遍历字符串、列表、元组、字典、集合等序列类型，逐个获取序列中的各个元素。

for 循环的语法格式如下：

```
for 迭代变量 in 变量:
    代码块
```

其中，迭代变量用于存放从序列类型变量中读取出来的元素，所以一般不会在循环中对迭代变量手动赋值，代码块指的是具有相同缩进格式的多行代码（和while一样），由于和循环结构联用，因此又称为循环体。for 循环语句的流程图如图3-5所示。

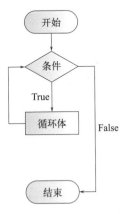

图 3-4　while 语句的流程图

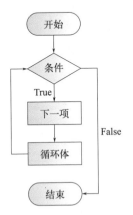

图 3-5　for 语句的流程图

下面介绍如何使用while循环输出九九乘法表，代码如下：

```
i = 1
while i<=9:
    j = 1
    while j <= i:
        print('%d*%d=%2d\t'%(i,j,i*j),end='')
        j+=1
    print()
    i +=1
```

运行上述代码，输出如下所示。

```
1*1= 1
2*1= 2   2*2= 4
3*1= 3   3*2= 6   3*3= 9
4*1= 4   4*2= 8   4*3=12   4*4=16
5*1= 5   5*2=10   5*3=15   5*4=20   5*5=25
```

```
6*1= 6    6*2=12   6*3=18   6*4=24   6*5=30   6*6=36
7*1= 7    7*2=14   7*3=21   7*4=28   7*5=35   7*6=42   7*7=49
8*1= 8    8*2=16   8*3=24   8*4=32   8*5=40   8*6=48   8*7=56   8*8=64
9*1= 9    9*2=18   9*3=27   9*4=36   9*5=45   9*6=54   9*7=63   9*8=72   9*9=81
```

也可以使用for循环输出九九乘法表，代码如下：

```
for i in range(1, 10):
    for j in range(1, i + 1):
        print(j, '*', i, '=', i * j, end="\t")
    print()
```

当然九九乘法表还有很多实现方法，这里就不再详细阐述。

3.1.5　格式 format() 与 %

目前Python中字符串的格式化有format()和%两种。其中format()是Python 2.6新增的一种格式化字符串函数，与之前的%格式化字符串相比，优势比较明显，下面重点讲解一下format()函数及其使用方法。

⭕ （1）利用 f-string 格式化

在Python 3.6中加入了一个新特性——f-string，可以直接在字符串的前面加上f来格式化字符串，例如，输出"2023年5月电话渠道的客户来源是80人。"的代码如下：

```
source = '电话'
tel = 80
s = f'2023年5月{source}渠道的客户来源是{tel}人。'
print(s)
```

⭕ （2）利用位置格式化

可以通过索引直接使用*号将列表打散，通过索引来取值，例如，输出"2023年5月电话渠道的客户来源是80人，但有效客户是36人。"的代码如下：

```
tel = ['电话',80,36]
s = '2023年5月{0}渠道的客户来源是{1}人，但有效客户是{2}人。'.format(*tel)
print(s)
```

（3）利用关键字格式化

也可以通过＊＊号将字典打散，通过键 key 来取值，例如，输出"2023年5月电话渠道的客户来源是80人，但有效客户是36人。"的代码如下：

```
d = {'source':'电话','tel':80,'tel_val':36}
s = '2023年5月{source}渠道的客户来源是{tel}人,但有效客户是{tel_val}
人。'.format(**d)
print(s)
```

（4）利用对象属性格式化

在类中，可以使用自定义 __str__ 方法来实现特定的输出，例如，输出"姓名:张陶，年龄:29岁"的代码如下：

```
class Person:
    def __init__(self,name,age):
        self.name = name
        self.age = age
    def __str__(self):
        return '姓名:{self.name}, 年龄:{self.age}岁'.format(self =
self)
person = Person('张涛',29)
print(person)
```

（5）利用下标格式化

还可以利用下标＋索引的方法进行格式化，例如，输出"2023年5月电话渠道的客户来源是80人，但有效客户是36人。"的代码如下：

```
tel = ['电话',80,36]
s = '2023年5月{0[0]}渠道的客户来源是{0[1]}人,但有效客户是{0[2]}人。'.
format(tel)
print(s)
```

（6）利用填充与对齐格式化

填充与对齐的方法与 Excel 中的基本类似，通常填充与对齐一起使用。其中，">""^""<"分别表示右对齐、居中、左对齐，后面的数值表示宽度，":"号后面（默认是空格）表示填充的字符，只能是一个字符。例如，对数值66进

35

行填充与对齐，代码如下：

```
s1 = '{:>9}'.format('66')
print(s1)

s2 = "{:0>9}".format('66')
print(s2)

s3 = "{:0^9}".format('66')
print(s3)

s4 = '{:*<9}'.format('66')
print(s4)
```

运行上述代码，输出如下所示，其中符号后面的数值9表示总共有多少位字符，s1用空格填充左边的空格，s2用0填充左边的空格，s3用0填充左右两边的空格，s4用*号填充右边的空格。

```
       66
000000066
000660000
66*******
```

（7）利用精度与类型格式化

精度与类型可以一起使用，格式为{:.nf}.format(数字)，其中.n表示保留n位小数，对于整数直接保留固定位数的小数位，例如，输出3.1416和29.00的案例代码如下：

```
pi = 3.1415926
print('{:.4f}'.format(pi))

age = 29
print('{:.2f}'.format(age))
```

（8）利用千分位分隔符格式化

"{:,}".format()中的冒号加逗号，表示可以将一个数字每三位用逗号进行分隔，例如输出"123,456,789"的代码如下：

```
print("{:,}".format(123456789))
```

此外，目前%格式化字符串相对来说使用较少，例如，输出"Hello World!"的代码如下：

```
print('%s' % 'Hello World!')
```

3.1.6　编码类型及转换

无论是在编辑文本文件的时候，还是在制作网页的时候，总会遇到文本编码方式的问题，如果处理不当，就会出现乱码，因此，有必要对文本的编码方式做一个详尽的了解。Python编码方式主要有：ASCII、GB2312、Unicode、UTF-8。

（1）ASCII 字符集

该编码是美国在19世纪60年代的时候为了建立英文字符和二进制的关系而制定的编码规范，它能表示128个字符，其中包括英文字符、阿拉伯数字、西文字符以及32个控制字符。它用一个字节来表示具体的字符，但它只用后7位来表示字符（$2^7=128$），最前面的一位统一规定为0。

（2）GB2312 字符集

GB2312是针对简体字的编码，由16bit（16位二进制）即2个字节组成一个数字表示一个特定字符，足够表示256×256=65536个字符。

（3）Unicode 字符集

Unicode字符集足够兼容所有的字符，属于全世界通用的字符集，由32bit即4个字节表示一个特定字符，我们看到的str类型就是Unicode字符集。

（4）UTF-8 字符集

UTF-8字符集是对Unicode字符集的再次编码，目的是减少Unicode带来的空间浪费，实现表示字符的特定二进制数字长度可变，进行数据传送的就是UTF-8字符集。

在Python中，可以使用encode()方法将字符串转换为指定编码类型的字节串，也可以使用decode()方法将字节串转换为指定编码类型的字符串。

·类型为str字符串，属于Unicode编码。

一般情况下，Python默认的编码类型是Unicode，查看字符类型为"str"：

```
word="世界和平"
print(type(word))
```

运行结果如下：

```
<class 'str'>
```

·类型为byte字符串，是对Unicode编码的二进制数据进行再次编码，常见的是UTF-8、GBK，利用encode()将Unicode编码的str类型编码为用UTF-8表示的byte类型：

```
word1 = word.encode("utf-8")
print(word1)
```

运行结果如下：

```
b'\xe4\xb8\x96\xe7\x95\x8c\xe5\x92\x8c\xe5\xb9\xb3'
```

说明：\xe4是一个2位的十六进制字节，\x是算一个标准，在UTF-8里一个中文字符用3个字节表示。

利用encode()将Unicode编码的str类型编码为用GBK字符集表示的byte类型：

```
word2 = word.encode("GBK")
print(word2)
```

运行结果如下：

```
b'\xca\xc0\xbd\xe7\xba\xcd\xc6\xbd'
```

说明：在GBK的编码中，2个字节表示一个中文字符。

需要注意的是，在进行编码转换时，需要确保源字符串或字节串的编码类型与目标编码类型一致，否则会出现乱码或转换失败的情况，例如用GBK对Unicode字符进行编码传输后，却用UTF-8进行解码：

```
word_=word.encode("GBK")
word_.decode("utf8")
```

运行结果如下：

```
UnicodeDecodeError                 Traceback (most recent call last)
Cell In[15], line 2
```

```
    1 word_=word.encode("GBK")
----> 2 word_.decode("utf8")
UnicodeDecodeError: 'utf-8' codec can't decode byte 0xca in
position 0: invalid continuation byte
```

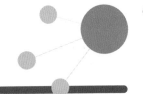

3.2　Python 运算符

3.2.1　算术运算符

算术运算符是用于进行数值计算的运算符，包括加法、减法、乘法、除法、求余等。算术运算符的特点如下。

· 只能用于数值类型的数据，不能用于其他类型的数据。

· 运算结果的数据类型与参与运算的数据类型有关。例如，整数相除的结果是浮点数，整数求余的结果是整数。

· 运算符的优先级和结合性可以通过括号来改变。例如，(3 + 5) * 2的结果是16。

· 除法运算符在除数为0时会抛出ZeroDivisionError异常。求余运算符在除数为0时也会抛出ZeroDivisionError异常。

表3-2列出了Python常用的算术运算符。

表3-2　Python常用算术运算符

运算符	说明	实例	结果
+	加	12.45 + 15	27.45
−	减	4.56 − 0.26	4.3
*	乘	5 * 3.6	18
/	除法（和数学中的规则一样）	7/2	3.5
//	整除（只保留商的整数部分）	7 // 2	3
%	求余，即返回除法的余数	7 % 2	1
**	幂运算/次方运算，即返回 x 的 y 次方	2 ** 4	16，即 2^4

接下来将对表中各个算术运算符的用法逐一讲解。

（1）"+"加法运算符

加法运算符：加法运算符很简单，和数学中的规则一样。例如：

```
ad = 68
tel = 51
sum1 = ad + tel
print(sum1)
```

运行结果如下：

```
119
```

拼接字符串：当"+"用于数字时表示加法，但是当"+"用于字符串时，它还有拼接字符串（将两个字符串连接为一个）的作用。例如：

```
name = "百度"
url = "https://www.baidu.com/"
age = 23
info = name + "的网址是" + url +", 2023年是它创立" + str(age) + "周年。"
print(info)
```

运行结果如下，其中str()函数用来将整数类型的age转换成字符串。

```
百度的网址是https://www.baidu.com/，2023年是它创立23周年。
```

（2）"-"减法运算符

减法运算也和数学中的规则相同，例如：

```
z = ad - tel
print(z)
```

运行结果如下：

```
17
```

"-"除了可以用作减法运算之外，还可以用作数值的求负运算，例如：

```
f = -16
f_neg = -f
print(f_neg)
```

运行结果如下：

```
16
```

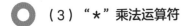

（3）"*"乘法运算符

乘法运算也和数学中的规则相同，例如：

```
x = 3.14 * 2
print(x)
```

运行结果如下：

```
6.28
```

"*"除了可以用作乘法运算之外，还可以用来重复字符串，也就是将n个同样的字符串连接起来，例如：

```
str1 = "中国 "
print(str1 * 6)
```

运行结果如下：

```
中国 中国 中国 中国 中国 中国
```

（4）"/"和"//"除法运算符

Python支持"/"和"//"两个除法运算符，但它们之间是有区别的。

·"/"表示普通除法，使用它计算出来的结果和数学中的计算结果相同。

·"//"表示整除，只保留结果的整数部分，舍弃小数部分。注意是直接丢掉小数部分，而不是四舍五入。

例如：

```
print("12.8/3.6 =", 12.8/3.6)
print("12.8//3.6 =", 12.8//3.6)
```

运行结果如下：

```
12.8/3.6 = 3.555555555555556
12.8//3.6 = 3.0
```

从运行结果可以发现：

"/"的计算结果总是小数，不管是否能除尽，也不管参与运算的是整数还是小数。当有小数参与运算时，"//"结果才是小数，否则就是整数。

（5）"%"求余运算符

Python中的"%"运算符用来求得两个数相除的余数，包括整数和小数。使用第一个数字除以第二个数字，得到一个整数的商，剩下的值就是余数。对于小数，求余的结果一般也是小数。

求余运算的本质是除法运算，所以第二个数字也不能是0，否则会导致ZeroDivisionError错误，例如：

```
print("18%7 =", 18%7)
print("9.9%-4.4 =", 9.9%-4.4)
print("29.5%8 =", 29.5%8)
```

运行结果如下：

```
18%7 = 4
9.9%-4.4 = -3.3000000000000007
29.5%8 = 5.5
```

从运行结果可以发现两点：

· 只有当第二个数字是负数时，求余的结果才是负数。换句话说，求余结果的正负和第一个数字没有关系，只由第二个数字决定。

· "%"两边的数字都是整数时，求余的结果也是整数；但是只要有一个数字是小数，求余的结果就是小数。

⬤ （6）"**"次方（幂）运算符

Python中的"**"运算符用来求一个x的y次方，也即次方（幂）运算，由于开方是次方的逆运算，所以也可以使用"**"运算符间接地实现开方运算，例如：

```
print('3**6 =', 3**6)
```

运行结果如下：

```
3**6 = 729
```

3.2.2　赋值运算符

赋值运算符用来把右侧的值传递给左侧的变量（或者常量）；可以直接将右侧的值交给左侧的变量，也可以进行某些运算后再交给左侧的变量，比如加减乘除、函数调用、逻辑运算等。

Python中最基本的赋值运算符是等号"="，结合其他运算符，"="还能扩展出更强大的赋值运算符。

（1）基本赋值运算符

"="是Python中最常见、最基本的赋值运算符，用来将一个表达式的值赋给另一个变量。

直接将值赋值给变量，代码如下：

```
x1 = 20
y1 = 15.5
url = "https://www.baidu.com/"
```

将一个变量的值赋给另一个变量，代码如下：

```
x2 = x1
y2 = y1
```

将某些运算的值赋给变量，代码如下：

```
sum1 = 25 + 46
sum2 = x1 % 5
s2 = str(123456789)    #将数字转换成字符串
s3 = str(20) + "abc"
```

（2）连续赋值

Python 中的赋值表达式也是有值的，它的值就是被赋的那个值，或者说是左侧变量的值，如果将赋值表达式的值再赋值给另外一个变量，这就构成了连续赋值，例如：

```
x = y = z = 20
```

"="具有右结合性，我们从右到左分析这个表达式：

z = 20 表示将20赋值给z，所以z的值是20；同时，z=20这个子表达式的值也是20。

y = z = 20表示将z =20的值赋给y，因此y的值也是20。

以此类推，x的值也是20。

最终结果就是，x、y、z三个变量的值都是20。

注意："="和"=="是两个不同的运算符，"="用来赋值，而"=="用来判断两边的值是否相等，不要混淆。

（3）扩展后的赋值运算符

"="还可与其他运算符（包括算术运算符、位运算符和逻辑运算符）相结合，扩展成为功能更加强大的赋值运算符，如表3-3所示，扩展后的赋值运算符将使得赋值表达式的书写更加优雅和方便。

表3-3　扩展赋值运算符

运算符	说明	用法	等价形式
=	最基本的赋值运算	x = y	x = y
+=	加赋值	x += y	x = x + y
-=	减赋值	x -= y	x = x - y
*=	乘赋值	x *= y	x = x * y
/=	除赋值	x /= y	x = x / y
%=	取余数赋值	x %= y	x = x % y
**=	幂赋值	x **= y	x = x ** y
//=	取整数赋值	x //= y	x = x // y
&=	按位与赋值	x &= y	x = x & y
|=	按位或赋值	x |= y	x = x | y
^=	按位异或赋值	x ^= y	x = x ^ y
<<=	左移赋值	x <<= y	x = x << y，y指的是左移的位数
>>=	右移赋值	x >>= y	x = x >> y，y指的是右移的位数

下面列举一些扩展赋值运算符的例子：

```
n1 = 10
f1 = 2.5
n1 -= 5            #等价于 n1=n1-5
f1 *= n1 - 2      #等价于 f1=f1*( n1 - 2)
print("n1=%d" % n1)
print("f1=%.4f" % f1)
```

运行结果如下：

```
n1=5
f1=7.5000
```

通常情况下，只要能使用扩展后的赋值运算符，都推荐使用这种赋值运算符。

注意，这种赋值运算符只能针对已经存在的变量赋值，因为赋值过程中需要变量本身参与运算，如果变量没有提前定义，它的值就是未知的，无法参与运算。例如，下面的写法是错误的：

44

```
n += 5
```

上述表达式等价于"n = n + 5"，但是n没有提前定义，所以它不能参与加法运算。

3.2.3 比较运算符

比较运算符，也称关系运算符，用于对常量、变量或表达式的结果进行大小比较，如果这种比较是成立的，则返回 True（真），反之则返回 False（假）。True和False都是bool类型，它们专门用来表示一件事情的真假，或者一个表达式是否成立。

Python支持的比较运算符如表3-4所示。

表3-4　Python比较运算符

运算符	说明
>	大于，如果">"前面的值大于后面的值，则返回 True，否则返回 False
<	小于，如果"<"前面的值小于后面的值，则返回 True，否则返回 False
= =	等于，如果"= ="两边的值相等，则返回 True，否则返回 False
> =	大于等于（等价于数学中的"≥"），如果"> ="前面的值大于或者等于后面的值，则返回 True，否则返回 False
< =	小于等于（等价于数学中的"≤"），如果"< ="前面的值小于或者等于后面的值，则返回 True，否则返回 False
!=	不等于（等价于数学中的"≠"），如果"!="两边的值不相等，则返回 True，否则返回 False
is	判断两个变量所引用的对象是否相同，如果相同则返回 True，否则返回 False
is not	判断两个变量所引用的对象是否不相同，如果不相同则返回 True，否则返回 False

下面列举一些比较运算符的例子：

```
print("86是否大于100: ", 86 > 100)
print("22*4是否大于等于76: ", 22*4 >= 76)
print("81.5是否等于81.5: ", 86.5 == 86.5)
print("33是否等于33.0: ", 33 == 33.0)
print("False是否小于True: ", False < True)
print("True是否等于True: ", True == True)
```

运行结果如下：

```
86是否大于100: False
```

```
22*4是否大于等于76: True
81.5是否等于81.5: True
33是否等于33.0: True
False是否小于True: True
True是否等于True: True
```

此外，大家可能对"is"比较陌生，很多人会误将它和"＝＝"的功能混为一谈，但其实"is"与"＝＝"有本质上的区别。"＝＝"用来比较两个变量的值是否相等，而"is"则用来比对两个变量引用的是否为同一个对象，例如：

```
#引入datetime模块
import datetime
#gmtime()用来获取当前时间
t1 = datetime.datetime.now()
t2 = datetime.datetime.now()
print(t1 == t2)
print(t1 is t2)
```

运行结果如下：

```
True
False
```

datetime模块的datetime.datetime.now()方法用来获取当前的系统时间，精确到秒级，因为程序运行非常快，所以t1和t2得到的时间是一样的，"=="用来判断t1和t2的值是否相等，所以返回True。

虽然t1和t2的值相等，但它们是两个不同的对象（每次调用datetime.datetime.now()都返回不同的对象），所以"t1 is t2"返回False。这就好像两个双胞胎姐妹，虽然她们的外貌是一样的，但她们是两个人。

那么，如何判断两个对象是否相同呢？答案是判断两个对象的内存地址。如果内存地址相同，说明两个对象使用的是同一块内存，当然就是同一个对象了。

3.2.4　逻辑运算符

逻辑运算符是用于对逻辑值进行操作的运算符，包括与、或、非三种运算符，下面是各个逻辑运算符的简介。

与运算符（and）：用于判断两个逻辑值是否都为True。如果两个逻辑值都为True，则返回True，否则返回False。

46

或运算符（or）：用于判断两个逻辑值是否至少有一个为True。如果两个逻辑值中至少有一个为True，则返回True，否则返回False。

非运算符（not）：用于对一个逻辑值取反。如果逻辑值为True，则返回False，否则返回True。

逻辑运算符的特点如下。

· 逻辑运算符只能用于逻辑值类型的数据，即True和False。

· 运算符的优先级和结合性可以通过括号来改变。例如，not（True and False）的结果是True。

· 与运算符和或运算符都是短路运算符，即如果第一个操作数已经能够确定整个表达式的值，则不会再计算第二个操作数。例如，如果第一个操作数为False，则与运算符的结果一定为False，不会再计算第二个操作数。

· 非运算符优先级最高，其他逻辑运算符的优先级依次降低。

逻辑运算符一般用于操作返回值为bool类型的表达式，以表达式的值True（真）和False（假）为例，其运算规则如表3-5所示。

表3-5 逻辑运算符及功能

运算符	含义	格式	说明
and	逻辑与运算，等价于数学中的"且"	a and b	当a和b两个表达式都为真时，a and b的结果才为真，否则为假
or	逻辑或运算，等价于数学中的"或"	a or b	当a和b两个表达式都为假时，a or b的结果才是假，否则为真
not	逻辑非运算，等价于数学中的"非"	not a	如果a为真，那么not a的结果为假；如果a为假，那么not a的结果为真。相当于对a取反

在Python中，虽然逻辑运算符的操作数一般是运算结果为逻辑值的表达式，但也可以是运算结果为数值、字符串、元组、列表、集合、字典等类型的表达式。返回值也不一定是逻辑（bool）类型，例如：

```python
print(20 and 35)
print(15 and 0)
print("" or "https://www.baidu.com/")
print(3.14 or "https://www.baidu.com/")
```

运行结果：

```
35
0
```

```
https://www.baidu.com/
3.14
```

非逻辑操作数等价的逻辑值，我们可以用两个not来查看某种数据等价的逻辑值。下面是一些常见数据类型的等价规则。

① 数值除了0视为False外，其余数值（包括小数、负数、复数）均视为True，例如：

```
not 0
```
```
True
```
```
not not 0
```
```
False
```
```
not not 2
```
```
True
```
```
not not 3.14
```
```
True
```
```
not not 3+6j
```
```
True
```

此外，None视为False，例如：

```
not None
```
```
True
```
```
not not None
```
```
False
```

② 字符串除了空字符串视为False外，其余均视为True（包括空格、制表、换行、回车等空白符，也包括字符串 'False'），例如：

```
not not ''
```
```
False
```
```
not not ' '
```
```
True
```

③ 对于元组、列表、集合、字典也是如此，空的视为False，非空的均视为True，即使其中只有一个值为False或0的数据，例如：

```
not not ()
```
```
False
```

```
not not (False,)
```
```
True
```
```
not not []
```
```
False
```
```
not not [0]
```
```
True
```

总结一下就是：数值0、空字符串、空元组、空列表、空集合、空字典以及None，均视为逻辑值False，其余均视为True。

3.2.5 运算符优先级

所谓优先级，就是当多个运算符同时出现在一个表达式中时，先执行哪个运算符。例如对于表达式 a + b * c，Python会先计算乘法再计算加法，先计算"*"再计算"+"，说明"*"的优先级高于"+"。

Python支持几十种运算符，被划分成将近20个优先级，有的运算符优先级不同，有的运算符优先级相同，如表3-6所示。

表3-6　Python运算符优先级和结合性

优先级	运算符说明	Python运算符	结合性
1	小括号	( )	无
2	索引运算符	x[i] 或 x[i1: i2 [:i3]]	左
3	属性访问	x.attribute	左
4	乘方	**	右
5	按位取反	~	右
6	符号运算符	+（正号）、-（负号）	右
7	乘除	*、/、//、%	左
8	加减	+、-	左
9	位移	>>、<<	左
10	按位与	&	右
11	按位异或	^	左
12	按位或			左
13	比较运算符	==、!=、>、>=、<、<=	左
14	is 运算符	is、is not	左

优先级	运算符说明	Python 运算符	结合性
15	in 运算符	in、not in	左
16	逻辑非	not	右
17	逻辑与	and	左
18	逻辑或	or	左
19	逗号运算符	exp1, exp2	左

根据表中的运算符优先级，我们尝试分析下面表达式的结果，例如：

```
6 + 2 < 9
```

"+"的优先级是8，"<"的优先级是13，"+"的优先级高于"<"，所以先执行6+2，得到结果8，再执行8 < 9，得到结果 True，这也是整个表达式的最终结果。

像这种不好确定优先级的表达式，我们可以给子表达式加上( )，也就是写成下面的样子：

```
(6 + 2) < 9
```

这样看起来就一目了然了，不容易引起误解。

当然，我们也可以使用( )改变程序的执行顺序，例如：

```
6 + (2 < 9)
```

则先执行 2<9，得到结果1，再执行 6+1，得到结果7。

下面介绍一下Python运算符的结合性，所谓结合性就是当一个表达式中出现多个优先级相同的运算符时，先执行哪个运算符：先执行左边的叫左结合性，先执行右边的叫右结合性。

例如对于表达式50/25*4，"/"和"*"的优先级相同，应该先执行哪一个呢？这个时候就不能只依赖运算符优先级决定了，还要参考运算符的结合性。"/"和"*"都具有左结合性，因此先执行左边的除法，再执行右边的乘法，最终结果是8。

Python中大部分运算符都具有左结合性，也就是从左到右执行；只有乘方运算符（**）、单目运算符（例如not逻辑非运算符）、赋值运算符和三目运算符例外，它们具有右结合性，也就是从右向左执行。

总之，当一个表达式中出现多个运算符时，Python会先比较各个运算符的优先级，按照优先级从高到低的顺序依次执行；当遇到优先级相同的运算符时，再根据结合性决定先执行哪个运算符：如果是左结合性就先执行左边的运算符，如果是右结合性就先执行右边的运算符。

3.3 Python 常用技巧

3.3.1 自动补全程序

Jupyter Lab与Spyder、PyCharm等交互编程开发环境一样，都有tab补全功能，在shell中输入表达式，按下键盘上的Tab键，会搜索已输入的变量（对象、函数等）。

例如，输入企业2023年1月份不同渠道来源的客户总数是200人，变量名为source_1。

```
source_1 = 200
```

再输入企业2023年2月份不同渠道来源的客户总数是197人，变量名为source_2。

```
source_2 = 197
```

在Jupyter Lab中输入"source"，然后按一下键盘上的Tab键，就会弹出相关的变量，如图3-6所示。

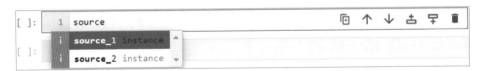

图3-6 自动补全变量

可以看出，Jupyter Lab呈现之前已经定义的变量及函数等，根据需要选择。当然，也可以补全任何对象的方法和属性，例如，企业2023年上半年客户总数的列表source_h1，在Jupyter Lab中输入"source_h1"，然后按下键盘上的Tab键，就会弹出相关的函数，如图3-7所示。

```
source_h1 = [200, 197, 233, 216, 345, 319]
```

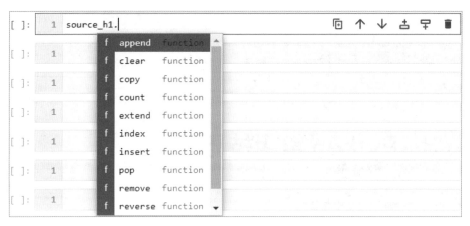

图 3-7　自动补全程序

3.3.2　变量赋值技巧

链式赋值，如果需要让多个变量引用同一个对象，可以使用链式赋值，例如：

```
x = y = z = 2
print(x, y, z)
```

运行结果如下：

```
(2, 2, 2)
```

多重赋值，在一条语句中可以给多个变量赋值，例如：

```
x, y, z = 2, 4, 8
print(x)
```

运行结果如下：

```
2
```

```
print(y)
```

运行结果如下：

```
4
```

```
print(z)
```

运行结果如下：

```
8
```

此外，还可以利用多重赋值精确、方便地交换任意两个变量。如果我们需要交换变量a和b中的内容，通用的方法是：首先定义一个临时变量，先将变量a

的值赋给临时变量temp，再将变量b的值赋给变量a，最后将临时变量temp中的值赋给变量b，最终完成两个变量值的交换。例如：

```
a = 66; b = 88
temp = a
a = b
b = temp
print('a =',a)
print('b =',b)
```

运行结果如下：

```
a = 88
b = 66
```

这段代码在Python中，可以被改成下面的简洁形式，例如：

```
a = 28; b = 82
a, b = b, a
print('a =',a)
print('b =',b)
```

3.3.3　变量链式比较

链式比较，多个比较语句也可以合成一个Python表达式，只需将多个比较运算符连起来即可，下面的表达式只有在所有比较都成立时返回True，否则返回False，例如：

```
x = 5
2 < x <= 8
```

运行结果如下：

```
True
```

```
6 < x <= 8
```

运行结果如下：

```
False
```

如下写法也是正确的，例如：

```
2 < x > 4
```

运行结果如下：

```
True
```

甚至可以将多个比较连起来，例如：

```
x = 2
y = 8
0 < x < 4 < y < 16
```

运行结果如下：

```
True
```

3.3.4　获取元素索引

获取最小（或最大）元素的索引，Python没有提供直接获取最大（或最小）元素索引的函数。不过，至少有两种方法可以方便地实现这一点，例如：

```
x = [2, 6, 4, 1, 4]
min((item, i) for i, item in enumerate(x))[1]
```

运行结果如下：

```
3
```

如果有两个或多个元素都是最小值，那么该方法返回第一个的索引，例如：

```
y = [2, 1, 4, 1, 4]
min((item, i) for i, item in enumerate(y))[1]
```

运行结果如下：

```
1
```

如果想获取最后一个，则可以对上面的语句稍作改动，例如：

```
-min((item, -i) for i, item in enumerate(y))[1]
```

运行结果如下：

```
3
```

另一种方法可能更简洁，例如：

```
x = [2, 1, 4, 1, 4]
min(range(len(x)), key=lambda i: x[i])
```

运行结果如下：

```
1
```

如果想获得最大元素的索引，则只需用max替换上面的min。

3.3.5 遍历序列元素

高级遍历，如果需要遍历一个序列，同时还需要获取每个元素和相应的索引，则可以使用enumerate()函数，例如：

```
for i, item in enumerate(['u', 'v', 'w']):
    print('index:', i,',','element:', item)
```

运行结果如下，每次遍历都会获得一个元组，其中包括索引值和对应的元素。

```
index: 0 , element: u
index: 1 , element: v
index: 2 , element: w
```

反向遍历，如果需要反向遍历一个序列，则可以使用reversed()函数，例如：

```
for item in reversed(['u', 'v', 'w']):
    print(item)
```

运行结果如下：

```
w
v
u
```

3.3.6 序列元素排序

序列排序，默认情况下序列按照第一个元素的顺序排序，例如：

```
x = (1, 'v')
y = (4, 'u')
z = (2, 'w')
sorted([x, y, z])
```

运行结果如下：

```
[(1, 'v'), (2, 'w'), (4, 'u')]
```

但是，如果希望按照第二个元素（或其他元素）排序，则可以使用key参数和适当的lambda函数作为第二个参数，例如：

```
sorted([x, y, z], key=lambda item: item[1])
```

运行结果如下：

```
[(4, 'u'), (1, 'v'), (2, 'w')]
```

反向排序时也使用类似的方法，例如：

```
sorted([x, y, z], key=lambda item: item[1], reverse=True)
```

运行结果如下：

```
[(2, 'w'), (1, 'v'), (4, 'u')]
```

此外，字典可以用类似方法进行排序，对字典的.items方法返回的键值对进行排序，例如：

```
x = {'u': 4, 'w': 2, 'v': 1}
sorted(x.items())
```

运行结果如下：

```
[('u', 4), ('v', 1), ('w', 2)]
```

它们按照键的顺序进行排序。如果希望按照值排序，则应该指定相应的key参数，反向排序也类似，例如：

```
sorted(x.items(), key=lambda item: item[1])
```

运行结果如下：

```
[('v', 1), ('w', 2), ('u', 4)]
```

```
sorted(x.items(), key=lambda item: item[1], reverse=True)
```

运行结果如下：

```
[('u', 4), ('w', 2), ('v', 1)]
```

3.3.7 列表解析式

如果我们需要把2023年1月份不同渠道的客户数列表中的数值都加上10，通常会用for遍历整个列表，例如：

```
source_1 = [68, 51, 43, 22, 16]
for i in range(len(source_1)):
    source_1[i] = source_1[i] + 10
print(source_1)
```

运行结果如下：

```
[78, 61, 53, 32, 26]
```

上述的需求，可以使用列表解析式的方法实现，代码和输出如下所示。其中方括号里的后半部分"for x in source_1"，是在告诉Python这里需要枚举变量

中的所有元素，而其中的每个元素的名字叫作x，而方括号里的前半部分"x +
10"，则是将这里的每个数值x加上10。

```
source_1 = [68, 51, 43, 22, 16]
source_1 = [x + 10 for x in source_1]
print(source_1)
```

运行结果如下：

```
[78, 61, 53, 32, 26]
```

列表解析式的特点还有另外一个应用，就是筛选或者过滤列表中的元素，例
如需要筛选变量source_1中大于50的数据，代码如下：

```
source_1 = [68, 51, 43, 22, 16]
source_1 = [x for x in source_1 if x > 50]
print(source_1)
```

运行结果如下：

```
[68, 51]
```

我们可以这样理解上述第二行代码的含义：新的列表由x构成，而x是来源
于之前的source_1，并且需要满足if语句中的条件。

3.3.8　元素序列解包

序列解包是Python 3之后才有的语法，可以用这种方法将元素序列解包到另
一组变量中。例如，province里存储了华东地区及其具体省市的名称，如果我们
想单独提取出地区名称和省市名称，并把它们分别存储到不同的变量中，可以利
用字符串对象的split()方法，把这个字符串按冒号分割成多个字符串，代码如下：

```
date = 'month: 1月, 2月, 3月, 4月, 5月, 6月'
month, month_detail = date.split(': ')
print(month)
print(month_detail)
```

运行结果如下：

```
month
1月, 2月, 3月, 4月, 5月, 6月
```

上述代码直接将split()方法返回的列表中的元素赋值给变量month和变量
month_detail。这种方法并不限于列表和元组，而是适用于任意的序列，甚至包

括字符串序列。只要赋值运算符左边的变量数目与序列中的元素数目相等即可。

但是在工作中，经常会遇到变量数目与序列中的元素数目不相等的情况，这个时候就需要使用序列解包。可以利用"*"表达式获取单个变量中的多个元素，只要它的解释没有歧义即可，"*"获取的值默认为列表，例如：

```
x, y, *z = 68, 51, 43, 22, 16
print(x)
print(y)
print(z)
```

运行结果如下：

```
68
51
[43, 22, 16]
```

上述代码获取的是右侧的剩余部分，还可以获取中间部分，例如：

```
x, *y, z = 68, 51, 43, 22, 16
print(x)
print(y)
print(z)
```

运行结果如下：

```
68
[51, 43, 22]
16
```

3.3.9 合并序列元素

元素结合，如果需要将来自多个序列的元素结合起来，可以使用zip()函数，例如：

```
x = [1, 2, 4]
y = ('u', 'v', 'w')
z = zip(x, y)
list(z)
```

运行结果如下：

```
[(1, 'u'), (2, 'v'), (4, 'w')]
```

连接字符串，如果需要连接多个字符串，每个字符串之间使用同一个字符或同一组字符来连接，则可以使用str.join方法，例如：

```
x = ['u', 'v', 'w']
y = '-'.join(x)
print(y)
```

运行结果如下：

```
u-v-w
```

合并字典，合并两个字典的方法之一就是将它们解包到一个新的字典中，例如：

```
x = {'u': 1}
y = {'v': 2}
z = {**x, **y, 'w': 4}
print(z)
```

运行结果如下：

```
{'u': 1, 'v': 2, 'w': 4}
```

3.3.10　三元表达式

我们用一个具体的例子介绍三元表达式，假设现在有两个数字，我们希望获得其中较大的一个，那么可以使用if else语句，例如：

```
a = 6;
b = 9;
if a>b:
    max = a;
else:
    max = b;
```

但是Python提供了一种更加简洁的写法，例如：

```
max = a if a>b else b
```

语句的含义是：

如果a>b成立，就把a作为整个表达式的值，并赋给变量max；

如果a>b不成立，就把b作为整个表达式的值，并赋给变量max。

这是一种类似于其他编程语言（例如C、Java）中三目运算符"? :"的写法。Python是一种简化的编程语言，它没有引入"? :"这个新的运算符，而是使用已有的if else关键字来实现相同的功能。

Python三元表达式的格式如下：

条件为真时的结果 if 判断条件 else 条件为假时的结果

三元表达式主要是在变量赋值要做条件判断时，简化代码使用。下面介绍三元表达式的几种写法，具体如下。

第一种写法：

```
max = a if a > b else b
```

第二种写法：

```
max = {True: a, False: b}[a > b]
```

第三种写法：

```
max = (b, a)[a > b]
```

第四种写法：

```
max = ((a > b and a) or b)
```

其中我们比较常见的是第一种。

Python三目运算符支持嵌套，这样可以构成更加复杂的表达式，在嵌套时需要注意if和else的配对，代码如下：

```
a if a>b else c if c>d else d
```

应该理解为：

```
a if a>b else (c if c>d else d)
```

下面使用Python三目运算符判断两个数字的关系：

```
print("a大于b") if a>b else (print("a小于b") if a<b else print("a
等于b"))
```

该程序是一个嵌套的三目运算符。程序先对a>b求值，如果该表达式为True，程序就返回执行第一个表达式print("a大于b")，否则将继续执行else后面的内容，也就是：

```
(print("a小于b") if a<b else print("a等于b"))
```

进入该表达式后，先判断a<b是否成立，如果a<b的结果为True，将执行print("a小于b")，否则执行print("a等于b")。

3.3.11　lambda 表达式

对于定义一个简单的函数，Python还提供了另外一种方法，即使用lambda表达式。lambda表达式，又称匿名函数，常用来表示内部仅包含1行表达式的函数。如果一个函数的函数体仅有1行表达式，则该函数就可以用lambda表达式来代替。

lambda表达式的语法格式如下：

```
name = lambda [list] : 表达式
```

其中，定义lambda表达式，必须使用lambda关键字；[list]作为可选参数，等同于定义函数是指定的参数列表。

该语法格式转换成普通函数的形式，如下所示：

```
def name(list):
    return 表达式
name(list)
```

显然，使用普通方法定义此函数，需要3行代码，而使用lambda表达式仅需1行。

举个例子，如果设计一个求2个数之和的函数，使用普通函数的方式，定义如下：

```
def add(x, y):
    return x+ y
print(add(6,9))
```

程序执行结果为：

```
15
```

由于上面程序中，add()函数内部仅有1行表达式，因此该函数可以直接用lambda表达式表示，代码如下：

```
add = lambda x,y:x+y
print(add(6,9))
```

程序运行结果如下：

```
15
```

可以这样理解，lambda表达式就是简单函数的简写版本，函数体仅是单行的表达式。相比函数，lamba表达式具有以下2个优势：

·对于单行函数，使用lambda表达式可以省去定义函数的过程，让代码更加简洁；

·对于不需要多次复用的函数，使用lambda表达式可以在用完之后立即释放，提高程序执行的性能。

3.3.12 矩阵乘法与转置

矩阵乘法操作符，Python 3.5引入了专用的矩阵乘法运算符@，我们可以在自己的类中实现matmul、rmatmul和imatmul来支持这个操作符。使用该操作符进行向量或矩阵乘法非常方便，例如：

```
import numpy as np
x, y = np.array([3, 3, 6]), np.array([1, 5, 6])
z = x @ y
print(z)
```

运行结果如下：

```
54
```

矩阵转置，虽然在处理矩阵时人们通常会使用NumPy（或类似的库），但利用zip也可以实现矩阵转置，例如：

```
x = [(3, 6, 9), ('u', 'v', 'w')]
y = zip(*x)
z = list(y)
print(z)
```

运行结果如下：

```
[(3, 'u'), (6, 'v'), (9, 'w')]
```

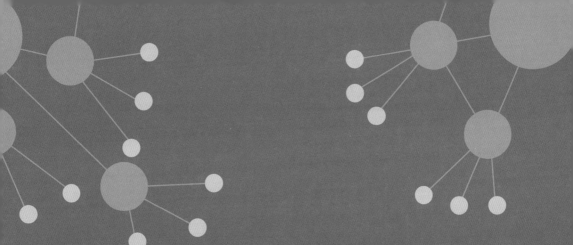

4

Python 数据类型

本章我们详细介绍 Python 编程基础，包括数据类型、字符串
常用方法和列表常用方法等。

扫码观看本章视频

4.1　认识数据类型

4.1.1　数值(number)类型

Python中的数值类型用于存储数值，主要有整数 int 和小数 float 两种。注意数值类型变量是不允许被改变的，如果改变变量的值，将会重新分配内存空间。例如，数据分析师小王统计汇总 2023 年 5 月份不同渠道的客户来源为 360 人，输入代码如下：

```
source_1 = 360
```

但是，小王检查代码时发现自己设置的日期没有设置结束日期，导致数据偏大，实际只有 345 人，重新输入的代码如下：

```
source_1 = 345
```

运行上述代码后，现在变量 source_1 的数值就是 345，而不再是前面输入的 360，代码和输出如下所示。

```
source_1
```

```
345
```

Python 中有丰富的函数，包括数学函数、随机数函数、三角函数等，表4-1列举了一些常用的数学函数。

表 4-1　常用数学函数

函数名	说明
ceil(x)	返回数字的上入整数，如 math.ceil(4.1) 返回 5
exp(x)	返回 e 的 x 次幂(e^x)，如 math.exp(1) 返回 2.718281828459045
fabs(x)	返回数字的绝对值，如 math.fabs(-10) 返回 10.0
floor(x)	返回数字的下舍整数，如 math.floor(4.9) 返回 4
log(x)	如 math.log(math.e) 返回 1.0,math.log(100,10) 返回 2.0
log10(x)	返回以 10 为基数的 x 的对数，如 math.log10(100) 返回 2.0
modf(x)	返回 x 的整数部分与小数部分，数值符号与 x 相同
pow(x, y)	返回 x**y 运算后的值
sqrt(x)	返回数字 x 的平方根

4.1.2 字符串(string)类型

字符串是Python中最常用的数据类型。我们可以使用英文输入法下的单引号(' ')或双引号(" ")来创建字符串,字符串可以是英文、中文或中文和英文的混合。例如,输入以下代码:

```
str1 = "Hello ChatGPT!"
str2 = "你好ChatGPT!"
```

运行str1和str2,输出如下所示。

```
str1
```

```
'Hello ChatGPT!'
```

```
str2
```

```
'你好ChatGPT!'
```

在Python中,可以通过"+"实现字符串与其他字符串的拼接,例如,输入以下代码:

```
str3 = str1 + " You are strong!"
```

输入str3变量,输出如下所示。

```
str3
```

```
'Hello ChatGPT! You are strong!'
```

在字符串中,我们可以通过索引获取字符串中的字符,遵循"左闭右开"的原则,注意索引是从0开始的。例如,截取str1的前5个字符,代码如下:

```
str1[:5]
#或者str1[0:5]
```

运行上述代码,输出str1中的前5个字符"Hello",索引分别对应0、1、2、3、4。原字符串中每个字符所对应的索引号如表4-2所示。

表4-2 字符串的索引

原字符串	H	e	l	l	o		C	h	a	t	G	P	T	!
正向索引	0	1	2	3	4	5	6	7	8	9	10	11	12	13
反向索引	−14	−13	−12	−11	−10	−9	−8	−7	−6	−5	−4	−3	−2	−1

此外,还可以使用反向索引,实现上述同样的需求,但是索引位置有变化,分别对应−14、−13、−12、−11、−10,代码和输出如下所示。

```
str1[-14:-9]
```
```
'Hello'
```

同理，我们也可以截取原字符串中的"ChatGPT"子字符串，索引的位置是6到13，包含6但不包含13，截取字符串的代码和输出如下所示。
```
str1[6:13]
```
```
'ChatGPT'
```

Python提供了方便灵活的字符串运算，表4-3列出了可以用于字符串运算的运算符。

表4-3　字符串运算符

操作符	说明
+	字符串连接
*	重复输出字符串
[]	通过索引获取字符串中字符
[:]	截取字符串中的一部分，遵循"左闭右开"的原则
in	成员运算符，如果字符串中包含给定的字符返回True
not in	成员运算符，如果字符串中不包含给定的字符返回True
r/R	原始字符串，所有的字符都是直接按照字面的意思来输出
%	格式字符串

下面以成员运算符为例介绍字符串运算符，例如，我们需要判断"ChatGPT"是否在字符串变量str1中，代码和输出如下所示，这里显示的是True，如果不存在结果就为False。
```
'ChatGPT' in str1
```
```
True
```

表4-4列举了Python字符串对象可以调用的字符串方法。例如，可以使用join()方法连接两个字符串。注意：所有字符串方法都返回新值，它们不会更改原始字符串。

表4-4　字符串方法

方法	描述
capitalize()	把首字符转换为大写
casefold()	把字符串转换为小写
center()	返回一个原字符串居中,并使用空格填充至长度width 的新字符串

方法	描述
count()	返回指定值在字符串中出现的次数
encode()	返回字符串的编码版本
endswith()	如果字符串以指定值结尾，则返回 True
expandtabs()	设置字符串的 tab 尺寸
find()	在字符串中搜索指定的值并返回它被找到的位置
format()	格式化字符串中的指定值
format_map()	格式化字符串中的指定值
index()	在字符串中搜索指定的值并返回它被找到的位置
isalnum()	如果字符串中的所有字符都是字母数字，则返回 True
isalpha()	如果字符串中的所有字符都在字母表中，则返回 True
isdecimal()	如果字符串中的所有字符都是小数，则返回 True
isdigit()	如果字符串中的所有字符都是数字，则返回 True
isidentifier()	如果字符串是标识符，则返回 True
islower()	如果字符串中的所有字符都是小写，则返回 True
isnumeric()	如果字符串中的所有字符都是数字，则返回 True
isprintable()	如果字符串中的所有字符都是可打印的，则返回 True
isspace()	如果字符串中的所有字符都是空白字符，则返回 True
istitle()	如果字符串遵循标题规则，则返回 True
isupper()	如果字符串中的所有字符都是大写，则返回 True
join()	把可迭代对象的元素连接到字符串的末尾
ljust()	返回字符串的左对齐版本
lower()	把字符串转换为小写
lstrip()	返回字符串的左修剪版本
maketrans()	返回在转换中使用的转换表
partition()	返回元组，其中的字符串被分为三部分
replace()	返回字符串，其中指定的值被替换为指定的值
rfind()	在字符串中搜索指定的值，并返回它被找到的最后位置
rindex()	在字符串中搜索指定的值，并返回它被找到的最后位置
rjust()	返回字符串的右对齐版本
rpartition()	返回元组，其中字符串分为三部分
rsplit()	在指定的分隔符处拆分字符串，并返回列表
rstrip()	返回字符串的右修剪版本
split()	在指定的分隔符处拆分字符串，并返回列表
splitlines()	在换行符处拆分字符串并返回列表

4

Python 数据类型

方法	描述
startswith()	如果字符串以指定值开头，则返回True
strip()	返回字符串的修剪版本
swapcase()	切换大小写，小写成为大写，反之亦然
title()	把每个单词的首字符转换为大写
translate()	返回被转换的字符串
upper()	把字符串转换为大写
zfill()	在字符串的开头填充指定数量的0值

4.1.3　列表 (list) 类型

列表是最常用的Python数据类型，使用方括号，数据项用逗号分隔。注意列表的数据项不需要具有相同的类型。例如，创建3个列表，代码如下：

```
list1 = ['month', 202301, 202302, 202303]
list2 = [200, 197, 233]
list3 = ["ad", "tel", "srch", "intr", "other"]
```

运行上述创建列表的代码，输出如下所示。

```
list1
```

```
['month', 202301, 202302, 202303]
```

```
list2
```

```
[200, 197, 233]
```

```
list3
```

```
['ad', 'tel', 'srch', 'intr', 'other']
```

列表的索引与字符串的索引一样，也是从0开始，也可以进行截取、组合等操作。例如，我们截取list3中索引从1到3，当然不包含索引为3的字符串，代码和输出如下所示。

```
list3[1:3]
```

```
['tel', 'srch']
```

可以对列表的数据项进行修改或更新，例如，修改列表list1中索引为1位置的数值202301，将其修改为文本"2023年1月"，代码和输出如下所示。

```
list1[1]
```

```
202301
```

```
list1[1] = '2023年1月'
list1
```

```
['month', '2023年1月', 202302, 202303]
```

可以使用del语句来删除列表中的元素，代码和输出如下所示。

```
del list1[1]
list1
```

```
['month', 202302, 202303]
```

也可以使用append()方法在尾部添加列表项，代码和输出如下所示。

```
list1.append(202304)
list1
```

```
['month', 202302, 202303, 202304]
```

此外，还可以使用insert()方法在中间添加列表项，代码和输出如下所示。

```
list1.insert(1,202301)
list1
```

```
['month', 202301, 202302, 202303, 202304]
```

Python有很多列表方法，允许我们使用列表。表4-5列举列表方法，例如，如果想在列表的末尾添加一个项目，可以使用list.append()方法。

表4-5 列表方法

方法	描述
append()	在列表的末尾添加一个元素
clear()	删除列表中的所有元素
copy()	返回列表的副本
count()	返回具有指定值的元素数量
extend()	将列表元素（或任何可迭代的元素）添加到当前列表的末尾
index()	返回具有指定值的第一个元素的索引
insert()	在指定位置添加元素
pop()	删除指定位置的元素
remove()	删除具有指定值的项目
reverse()	颠倒列表的顺序
sort()	对列表进行排序

4.1.4　元组 (tuple) 类型

Python的元组与列表类似，不同之处在于元组的元素不能修改。注意元组使用小括号，而列表使用方括号。元组创建很简单，只需要在括号中添加元素，并使用逗号隔开即可。例如，创建3个企业商品有效订单的元组，代码如下：

```
tup1 = ('month', 202301, 202302, 202303)
tup2 = (200, 197, 233)
tup3 = ("ad", "tel", "srch", "intr", "other")
```

运行上述创建元组的代码，输出如下所示。

```
tup1
```
```
('month', 202301, 202302, 202303)
```
```
tup2
```
```
(200, 197, 233)
```
```
tup3
```
```
('ad', 'tel', 'srch', 'intr', 'other')
```

元组中只包含一个元素时，需要在元素后面添加逗号，否则括号会被当作运算符使用，代码和输出如下所示。

```
tup4 = (202304,)
```
```
tup4
```
```
(202304,)
```
```
tup5 = (202304)
```
```
tup5
```
```
202304
```

元组的索引与字符串的索引一样，也是从0开始，也可以进行截取、组合等操作。例如，我们截取tup3中索引从1到3，当然不包含索引为3的元素，代码和输出如下所示。

```
tup3[1:3]
```
```
('tel', 'srch')
```

在Python中，也可以通过"+"实现对元组的连接，运算后会生成一个新的元组，代码和输出如下所示。

```
tup6 = tup1 + tup4
tup6
```

```
('month', 202301, 202302, 202303, 202304)
```

注意元组中的元素是不允许修改和删除的，例如，修改元组tup6中第5个元素的数值，代码和输出错误信息如下所示。

```
tup6[4] = 202305
```

```
-----------------------------------------------------------
TypeError                         Traceback (most recent call last)
Cell In[32], line 1
----> 1 tup6[4] = 202305
TypeError: 'tuple' object does not support item assignment
```

在Python中，元组是不可变的。这意味着，一旦tuple被分配，我们就不能更改它的项。元组对象只能调用两个元组方法：count()和index()，如表4-6所示。

表4-6　元组方法

方法	描述
count()	返回元组中指定值出现的次数
index()	在元组中搜索指定的值并返回它被找到的位置

4.1.5　集合 (set) 类型

集合是一个无序的不重复元素序列，可以使用大括号或者set( )函数创建，注意创建一个空集合，必须使用set( )，因为{ }是用来创建一个空字典。创建集合的格式：

```
parame = {value01, value02, ...}
# 或者 set(value)
```

下面以客户购买商品为例介绍集合的去重功能，假设某客户在2023年5月份购买了6次商品，分别是打印纸、胶水、剪刀、记号笔、文件夹、记号笔，这里有重复的商品，我们可以借助集合的去重功能删除重复值，代码如下：

```
buy_may = {'打印纸','胶水','剪刀','记号笔','文件夹','记号笔'}
```

运行上述代码，代码和输出如下所示，可以看出已经删除了重复值，只保留了5种不同类型的商品名称。

```
buy_may
```

{'剪刀', '打印纸', '文件夹', '胶水', '记号笔'}

同理，该客户在6月份购买了4次商品，分别是装订机、胶水、剪刀、记号笔，代码和输出如下所示。

```
buy_jun = {'装订机','胶水','剪刀','记号笔'}
print(buy_jun)
```

{'剪刀', '记号笔', '装订机', '胶水'}

可以快速判断某个元素是否在某集合中，例如，判断该客户5月份是否购买了"记号笔"，代码和输出如下所示。

```
'记号笔' in buy_may
```

True

Python中的集合与数学上的集合概念基本类似，也有交集、并集、差集和补集，集合之间关系的维恩图如图4-1所示。

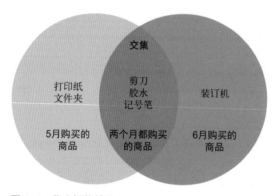

图4-1　集合间的关系

集合的交集，例如，统计该客户5月份和6月份都购买的商品，代码和输出如下所示。

```
buy_may & buy_jun
```

{'剪刀', '胶水', '记号笔'}

集合的并集，例如，统计该客户5月份和6月份购买的商品，代码和输出如下所示。

```
buy_may | buy_jun
```

{'剪刀', '打印纸', '文件夹', '胶水', '装订机', '记号笔'}

集合的差集，例如，统计该客户在5月份和6月份不同时购买的商品，代码和输出如下所示。

```
buy_may ^ buy_jun
```

```
{'打印纸', '文件夹', '装订机'}
```

集合的补集，例如，统计该客户5月份购买，而6月份没有购买的商品，代码和输出如下所示。

```
buy_may - buy_jun
```

```
{'打印纸', '文件夹'}
```

表4-7列举集合对象可以使用的方法。

表4-7　集合方法

方法	描述
add()	向集合添加元素
clear()	删除集合中的所有元素
copy()	返回集合的副本
difference()	返回包含两个或更多集合之间差异的集合
difference_update()	删除此集合中也包含在另一个指定集合中的项目
discard()	删除指定项目
intersection()	返回为两个其他集合的交集的集合
intersection_update()	删除此集合中不存在于其他指定集合中的项目
isdisjoint()	返回两个集合是否有交集
issubset()	返回另一个集合是否包含此集合
issuperset()	返回此集合是否包含另一个集合
pop()	从集合中删除一个元素
remove()	删除指定元素
symmetric_difference()	返回具有两组集合的对称差集的集合
symmetric_difference_update()	插入此集合和另一个集合的对称差集
union()	返回包含集合并集的集合
update()	用此集合和其他集合的并集来更新集合

4.1.6　字典 (dict) 类型

字典是另一种可变容器模型，且可存储任意类型对象。字典的每个键值对用冒号分隔，每个对之间用逗号分隔，整个字典包括在花括号中，格式如下所示：

```
dict = {key1:value1, key2:value2}
```

注意键值对中的键必须是唯一的，但是值可以不是唯一的，且数值可以取任何数据类型，但键必须是不可变的，如字符串或数字，代码如下：

```
dict1 = {'source_1': 200}
dict2 = {'source_2': 197, 2023:1510}
dict3 = {'ad': 68, 'tel': 51, 'srch': 43, 'intr': 22, 'other': 16}
```

运行上述代码，新建的字典如下：

```
dict1
```

```
{'source_1': 200}
```

```
dict2
```

```
{'source_2': 197, 2023:1510}
```

```
dict3
```

```
{'ad': 68, 'tel': 51, 'srch': 43, 'intr': 22, 'other': 16}
```

在Python中，如果要访问字典里的值，需要把相应的键放入到方括号中，代码和输出如下所示。

```
dict3['tel']
```

```
51
```

在Python中，如果字典里没有该键，会报错，代码和输出错误信息如下所示。

```
dict3['others']
```

```
---------------------------------------------------------------
KeyError                     Traceback (most recent call last)
Cell In[47], line 1
----> 1 dict3['others']
KeyError: 'others'
```

在Python中，向字典添加新内容的方法是增加新的键值对、修改已有键值对，例如，向字典dict2中添加键"source_1"，修改键"2023"对应的值，代码和输出如下所示。

```
dict2['source_1'] = 200
dict2[2023] = 1398
dict2
```

```
{'source_2': 197, 2023: 1398, 'source_1': 200}
```

在Python中，能够删除字典中的单一元素，也能清空和删除字典，例如，要删除字典dict2中的键"2023"，然后清空字典，最后再删除字典，代码和输出如下所示。

```
del dict2[2023]
dict2
```

```
{'source_2': 197, 'source_1': 200}
```

```
dict2.clear()
dict2
```

```
{}
```

```
del dict2
dict2
```

```
------------------------------------------------------------
NameError                       Traceback (most recent call last)
Cell In[51], line 2
      1 del dict2
----> 2 dict2
NameError: name 'dict2' is not defined
```

Python有多种方法可用于字典，表4-8列举字典使用的方法。

表4-8　字典方法

方法	描述
clear()	删除字典中的所有元素
copy()	返回字典的副本
fromkeys()	返回拥有指定键和值的字典
get()	返回指定键的值
items()	返回包含每个键值对的元组的列表
keys()	返回包含字典键的列表
pop()	删除拥有指定键的元素
popitem()	删除最后插入的键值对
setdefault()	返回指定键的值。如果该键不存在，则插入具有指定值的键
update()	使用指定的键值对字典进行更新
values()	返回字典中所有值的列表

4.1.7 布尔值 (boolean) 类型

Python提供了bool类型来表示真（对）或假（错）。比如常见的 5 > 3 比较算式，这个是正确的，在程序世界里称之为真（对），Python 使用 True 来代表；再比如 4 > 20 比较算式，这个是错误的，在程序世界里称之为假（错），Python 使用 False 来代表。

True 和 False 是 Python 中的关键字，当作为 Python 代码输入时，一定要注意字母的大小写，否则解释器会报错。

值得一提的是，布尔类型可以视为整数，即 True 相当于整数值 1，False 相当于整数值 0。因此，下边这些运算都是可以的，代码如下：

```
False + 1
```

```
1
```

```
True + 1
```

```
2
```

注意，这里只是为了说明 True 和 False 对应的整型值，在实际应用中是不妥的，不要这么用。总的来说，bool 类型就是用于代表某个事情的真（对）或假（错）。如果这个事情是正确的，用 True（或 1）代表；如果这个事情是错误的，用 False（或 0）代表。

此外，在 Python 中，所有的对象都可以进行真假值的测试，包括字符串、元组、列表、字典、对象等。

4.1.8 空值 (None) 类型

在 Python 中，有一个特殊的常量 None（N 必须大写），与 False 不同，它不表示 0，也不表示空字符串，而表示没有值，也就是空值。

这里的空值并不代表空对象，即 None 和 []、" " 不同，例如：

```
None is []
```

```
False
```

```
None is ""
```

```
False
```

None 有自己的数据类型，我们可以使用 type() 函数查看它的类型，代码如下：

```
type(None)
```
```
NoneType
```

可以看到，它属于NoneType类型。

需要注意的是，None是NoneType数据类型的唯一值，其他编程语言可能称为null或undefined等。也就是说，我们不能再创建其他NoneType类型的变量，但是可以将None赋值给任何变量。如果希望变量中存储的东西不与任何其他值混淆，就可以使用None。

除此之外，None常用于assert、判断以及函数无返回值的情况。举个例子，在前面章节中我们一直使用 print() 函数输出数据，其实该函数的返回值就是None。因为它的功能是在屏幕上显示文本，根本不需要返回任何值，所以print()就返回None。

```
say = print('Python!')
```
```
Python!
```
```
None == say
```
```
True
```

另外，对于所有没有return语句的函数定义，Python都会在末尾加上return None，使用不带值的return语句（也就是只有return关键字本身），那么就返回None。

4.1.9 数据类型转换

在Python中，根据数据变化前后，指向的内存地址是否一致，可将数据的类型分为可变数据类型与不可变数据类型两种。

◐ （1）可变数据类型

Python可变数据类型在第一次声明赋值声明的时候，会在内存中开辟一块空间，用来存放这个变量被赋的值，而这个变量实际上存储的并不是被赋予的这个值，而是存放这个值的所在空间的内存地址，通过这个地址，变量就可以在内存中取出数据。Python中id()函数用于获取对象的内存地址。

当数据类型的对应变量的值发生改变时，它对应的内存地址不发生改变，那么对于这种数据类型，就称为可变数据类型。

```
a = 1
id(a)
```
```
4497810656
```
```
a = 2
id(2)
```
```
4497810688
```

定义一个字符串变量value，获取value的地址，赋给变量add，代码如下：

```
value = 'Hello World!'
add = id(value)
```

读取地址中的变量，代码如下：

```
from ctypes import *
get_value = cast(add, py_object).value
print(get_value)
```
```
Hello World!
```

● （2）不可变数据类型

Python不可变数据类型在第一次声明赋值声明的时候，会在内存中开辟一块空间，用来存放这个变量被赋的值，而这个变量实际上存储的并不是被赋予的这个值，而是存放这个值的所在空间的内存地址，通过这个地址，变量就可以在内存中取出数据。Python中id()函数用于获取对象的内存地址。

```
x = 8
id(x)
```
```
1926052211216
```

所谓不可变就是说，我们不能改变这个数据在内存中的值，所以当我们改变这个变量的赋值时，只是在内存中重新开辟了一块空间，将这一条新的数据存放在这一个新的内存地址里。

```
x = 9
id(x)
```
```
1926052211248
```

查看原来赋值的变量空间，输入代码：

```
id(8)
```
```
1926052211216
```

可以看出原来的那个变量不再引用原数据的内存地址1926052211216，而转为引用新数据的内存地址1926052211248。

当把原数据赋给新的变量时，即把存放原数值的所在空间的内存地址1926052211216指向新的变量，输入代码：

```
y = 8
id(y)
```

```
1926052211216
```

⬤ （3）常见转换函数

在各种编程语言中，不同的数据类型之间都是可以进行转换的，数据类型转换就是将数据（变量、数值、表达式的结果等）从一种类型转换为另一种类型，Python也不例外，下面我们将简单列举以下4种类型转换的方式。

① int()函数：将x转换成一个整数，其中，x是需要转换的数据。例如：

```
print(int(3.1415))
print(int("99"))
print(type(int(3.1415)))
```

```
3
99
<class 'int'>
```

默认情况下，int()函数将字符串参数按照十进制进行转换，所以需要转换的字符串必须为整数，否则程序会报错，例如：

```
print(int("5月"))
```

程序报错如下：

```
ValueError                    Traceback (most recent call last)
Cell In[68], line 1
----> 1 print(int("5月"))
ValueError: invalid literal for int() with base 10: '5月'
```

② float()函数：将x转换成一个浮点数，其中，x是需要转换的数据。例如：

```
print(float(32))
print(float("3.1415"))
```

```
32.0
3.1415
```

由于float会转化为浮点数，所以如果被转换的是整数则结果后面会带小数点后一位的0。

如果转换对象为字符串，那么字符串中的内容必须为数字，否则程序报错，例如：

```
print(float("pi"))
```

程序报错如下：

```
ValueError                          Traceback (most recent call last)
Cell In[70], line 1
----> 1 print(float("pi"))
ValueError: could not convert string to float: 'pi'
```

③ str()函数：将x转换成一个字符串，其中，x是需要转换的数据。例如：

```
s = '365'
str(s)
```

```
'365'
```

```
s = 'Python'
str(s)
```

```
'Python'
```

④ list()函数：将x转换成一个列表，其中，x是需要转换的数据。例如：

```
s = '365'
list(s)
```

```
['3', '6', '5']
```

```
s = 'Python'
list(s)
```

```
['P', 'y', 't', 'h', 'o', 'n']
```

```
Tuple1 = ('source_1', 200, 'source_2', 197);
List1 = list(Tuple1)
print(List1)
```

```
['source_1', 200, 'source_2', 197]
```

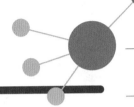

4.2 字符串常用方法

在Python开发过程中，经常需要对字符串进行一些特殊处理，比如拼接字符串、截取字符串、格式化字符串等，这些操作无须开发者自己设计实现，只需调用相应的字符串方法即可。

4.2.1 字符串拼接的 3 种方法

○ （1）字符串紧挨拼接

在Python中拼接（连接）字符串很简单，可以直接将两个字符串紧挨着写在一起，具体格式为：

$$str\_con = "str1"\ "str2"$$

str_con表示拼接以后的字符串变量名，str1和str2是要拼接的字符串内容。使用这种写法，Python会自动将两个字符串拼接在一起。例如：

```
str1 = "ChatGPT " "Python"
print(str1)
```

运行结果如下：

```
ChatGPT Python
```

需要注意的是，这种写法只能拼接字符串常量。

○ （2）借助 "+" 运算符来拼接

如果需要使用变量，就得借助 "+" 运算符来拼接，具体格式为：

$$str\_con = str1 + str2$$

当然，"+" 运算符也能拼接字符串常量。例如：

```
name = "中文搜索"
url = "https://www.baidu.com/"
info = name + "的网址是: " + url
print(info)
```

运行结果如下：

中文搜索的网址是：https://www.baidu.com/

 （3）字符串和数字的拼接

在很多应用场景中，我们需要将字符串和数字拼接在一起，而Python不允许直接拼接数字和字符串，所以我们必须先将数字转换成字符串。可以借助str()函数和repr()函数将数字转换为字符串，它们的使用格式为：

str(obj); repr(obj)

obj表示要转换的对象，它可以是数字、列表、元组、字典等多种类型的数据。例如：

```
name = "哥哥"
age = 8
info = name + "今年已经" + str(age) + "岁了。"
print(info)
```

运行结果如下：

```
哥哥今年已经8岁了。
```

注意：str()函数和repr()函数都可以将对象转换为字符串形式，但它们在表示方式上有所不同。

str()函数返回一个易于阅读的字符串形式，主要用于用户界面和输出中。repr()函数返回一个字符串形式，它尽可能准确地表示对象，主要用于调试和内部记录。例如：

```
import datetime
today = datetime.datetime.now()
print(str(today))
print(repr(today))
```

运行结果如下：

```
2023-06-10 05:02:18.693110
datetime.datetime(2023, 6, 10, 5, 2, 18, 693110)
```

我们可以看到，str()函数返回一个易于阅读的字符串形式，而repr()函数返回一个带有类型信息的字符串，它可以精确地表示对象。

总之，如果需要显示给用户阅读的字符串，则使用str()函数；如果需要在程序内部进行调试和记录，则使用repr()函数。

4.2.2　字符串切片的 2 种方法

字符串是由多个字符构成的，字符之间是有顺序的，这个顺序号就称为索引（index）。Python允许通过索引来操作字符串中的单个或者多个字符，比如获取指定索引处的字符、返回指定字符的索引值等。

●（1）获取单个字符

知道字符串名字以后，在方括号 [ ] 中使用索引即可访问对应的字符，具体的语法格式为：

str[index]

其中，str表示字符串名字，index表示索引值。

Python允许从字符串的两端使用索引：

·当以字符串的左端（字符串的开头）为起点时，索引是从0开始计数的；字符串的第一个字符的索引为0，第二个字符的索引为1，第三个字符串的索引为2，以此类推。

·当以字符串的右端（字符串的末尾）为起点时，索引是从-1开始计数的；字符串的倒数第一个字符的索引为-1，倒数第二个字符的索引为-2，倒数第三个字符的索引为-3，以此类推。

下面将通过一个例子进行介绍，例如：

```
url = 'https://www.baidu.com/'
#获取索引为3的字符
print(url[3])
#获取索引为 6 的字符
print(url[-6])
```

运行结果如下：

```
p
u
```

●（2）获取多个字符

获取多个字符即字符串截取或字符串切片。使用 [ ] 除了可以获取单个字符外，还可以指定一个范围来获取多个字符，也就是一个子串或者片段，具体格式为：

$$str[start : end : step]$$

参数含义如下。

·str：要截取的字符串。

·start：表示要截取的第一个字符所在的索引（截取时包含该字符）。如果不指定，默认为0，也就是从字符串的开头截取。

·end：表示要截取的最后一个字符所在的索引（截取时不包含该字符）。如果不指定，默认为字符串的长度。

·step：指的是从start索引处的字符开始，每step个距离获取一个字符，直至end索引处的字符。step默认值为1，当省略该值时，最后一个冒号也可以省略。

例如：

```
url = 'https://haokan.baidu.com/?sfrom=baidu-top'
#获取索引从8处到20（不包含20）的子串
print(url[8: 20])
#获取索引从8处到-17的子串
print(url[8: -17])
#获取索引从-33到-17的子串
print(url[-33: -17])
#从索引4开始，每隔3个字符取出一个字符，直到索引22为止
print(url[4: 22: 3])
```

运行结果如下：

```
haokan.baidu
haokan.baidu.com
haokan.baidu.com
s/onau
```

4.2.3　分割与合并字符串

◉ （1）split()方法分割字符串

Python中，除了可以使用一些内建函数获取字符串的相关信息外（例如使用len()函数获取字符串长度），字符串类型本身也拥有一些方法供我们使用。

split()方法可以实现将一个字符串按照指定的分隔符切分成多个子串，这些子串会被保存到列表中（不包含分隔符），作为方法的返回值反馈回来。该方法

84

的基本语法格式如下：

$$str.split(sep,maxsplit)$$

参数含义如下。

·str：表示要进行分割的字符串。

·sep：用于指定分隔符，可以包含多个字符。此参数默认为None，表示所有空字符，包括空格、换行符"\n"、制表符"\t"等。

·maxsplit：可选参数，用于指定分割的次数，最后列表中子串的个数最多为maxsplit+1。如果不指定或者指定为−1，则表示分割次数没有限制。

在split方法中，如果不指定sep参数，需要以str.split(maxsplit=xxx)的格式指定maxsplit参数。

同内建函数（如len()函数）的使用方式不同，字符串变量所拥有的方法，只能采用"字符串.方法名()"的方式调用。

例如，定义一个网址的字符串，然后用split()方法根据不同的分隔符进行分隔，代码如下：

```
str1 = "百度搜索 https://www.baidu.com/"
str1
```

运行结果如下：

```
'百度搜索 https://www.baidu.com/'
```

采用默认分隔符进行分割，代码如下：

```
list1 = str1.split()
list1
```

运行结果如下：

```
['百度搜索', 'https://www.baidu.com/']
```

采用多个字符进行分割，代码如下：

```
list2 = str1.split('//')
list2
```

运行结果如下：

```
['百度搜索 https:', 'www.baidu.com/']
```

采用"."号进行分割，代码如下：

```
list3 = str1.split('.')
```

```
list3
```

运行结果如下：

```
['百度搜索 https://www', 'baidu', 'com/']
```

采用空格进行分割，并规定最多只能分割成4个子串，代码如下：

```
list4 = str1.split(' ',4)
list4
```

运行结果如下：

```
['百度搜索', 'https://www.baidu.com/']
```

需要注意的是，在未指定sep参数时，split()方法默认采用空字符进行分割，但当字符串中有连续的空格或其他空字符时，都会被视为一个分隔符对字符串进行分割，例如：

```
str2 = "百度搜索   https://www.baidu.com/"   #包含3个连续的空格
list5 = str2.split()
list5
```

运行结果如下：

```
['百度搜索', 'https://www.baidu.com/']
```

⬤ （2）join()方法合并字符串

join()方法也是非常重要的字符串方法，它是split()方法的逆方法，用来将列表（或元组）中包含的多个字符串连接成一个字符串。

使用join()方法合并字符串时，它会将列表（或元组）中多个字符串采用固定的分隔符连接在一起。join()方法的语法格式如下：

$$newstr = str.join(iterable)$$

参数含义如下。

· newstr：表示合并后生成的新字符串。

· str：用于指定合并时的分隔符。

· iterable：做合并操作的源字符串数据，允许以列表、元组等形式提供。

案例1：使用join()方法将列表中的元素连接成一个字符串。

```
my_list = ['apple', 'banana', 'orange']
result = '-'.join(my_list)
print(result)
```

运行结果如下：

```
apple-banana-orange
```

案例2：使用join()方法将字典中的键连接成一个字符串。

```
my_dict = {'name': 'Tom', 'age': 18, 'gender': 'male'}
result = '-'.join(my_dict.keys())
print(result)
```

运行结果如下：

```
name-age-gender
```

案例3：使用join()方法将元组中的元素连接成一个字符串。

```
my_tuple = ('apple', 'banana', 'orange')
result = '-'.join(my_tuple)
print(result)
```

运行结果如下：

```
apple-banana-orange
```

案例4：使用join()方法将集合中的元素连接成一个字符串。

```
my_set = {'apple', 'banana', 'orange'}
result = '-'.join(my_set)
print(result)
```

运行结果如下：

```
orange-banana-apple
```

4.2.4　检索子字符串的几种方法

（1）find()方法

find()方法用于检索字符串中是否包含目标字符串，如果包含，则返回第一次出现该字符串的索引，反之则返回-1。

find()方法的语法格式如下：

$$str.find(sub[,start[,end]])$$

参数含义如下。

·str：表示原字符串。

- sub：表示要检索的目标字符串。
- start：表示开始检索的起始位置。如果不指定，则默认从头开始检索。
- end：表示结束检索的结束位置。如果不指定，则默认一直检索到结尾。

案例1：查找字符串中的子串。

```
s = "hello world"
print(s.find("world"))
```

运行结果如下：

```
6
```

```
print(s.find("python"))
```

运行结果如下：

```
-1
```

-1表示未找到该子串。

案例2：查找文件中某一行的内容。

```
with open("test.txt", "r") as f:
    for i, line in enumerate(f):
        if "hello" in line:
            print("第{}行: {}".format(i+1, line))
            break
    else:
        print("未找到")
```

运行结果如下：

```
第3行: hello
```

 （2）rfind() 方法

rfind()方法是Python字符串类中的一个方法，用于查找指定字符串在原字符串中最后一次出现的位置。如果指定字符串不存在，则返回-1。rfind()方法的语法如下：

$$str.rfind(sub[, start[, end]])$$

其中：

sub表示要查找的子字符串；start和end表示查找范围的起始位置和结束位置，如果不指定则默认为整个字符串。

案例1：查找字符串中最后一次出现的子字符串。

```
string = "hello world, world is beautiful!"
index = string.rfind("world")
print(index)
```

运行结果如下：

```
13
```

解释：程序中，我们定义了一个字符串变量string，并使用rfind()方法查找"world"子字符串最后一次出现的位置，即在字符串中的索引值为13。

案例2：查找字符串中最后一次出现的字符。

```
string = "hello world, world is beautiful!"
index = string.rfind("l")
print(index)
```

运行结果如下：

```
30
```

解释：程序中，我们定义了一个字符串变量string，并使用rfind()方法查找"l"字符最后一次出现的位置，即在字符串中的索引值为30。

○ （3）index()方法

与find()方法类似，index()方法也可以用于检索是否包含指定的字符串，不同之处在于，当指定的字符串不存在时，index()方法会抛出异常。index()方法的语法格式如下：

str.index(sub[,start[,end]])

参数含义如下。

· str：表示原字符串。

· sub：表示要检索的子字符串。

· start：表示检索开始的起始位置。如果不指定，默认从头开始检索。

· end：表示检索的结束位置。如果不指定，默认一直检索到结尾。

案例1：使用index()方法查找元素在列表中的位置。

```
fruits = ['apple', 'banana', 'orange', 'grape']
print(fruits.index('banana'))
```

运行结果如下：

```
1
```

案例2：使用index()方法查找元素在字符串中的位置。

```
sentence = 'I love Python programming'
print(sentence.index('Python'))
```

运行结果如下：

```
7
```

案例3：使用index()方法查找元素在元组中的位置。

```
numbers = (1, 3, 5, 7, 9)
print(numbers.index(3))
```

运行结果如下：

```
1
```

 （4）rindex()方法

rindex()方法是Python字符串对象的一个方法，用于返回指定子字符串在字符串中最后一次出现的位置。如果子字符串没有出现在字符串中，则会抛出ValueError异常。

rindex()方法的语法格式如下：

$$str.rindex(sub[, start[, end]])$$

参数含义如下。

· sub：需要查找的子字符串。

· start：查找的起始位置，默认为0。

· end：查找的结束位置，默认为字符串的长度。

案例1：查找子字符串在字符串中最后一次出现的位置。

```
str = "Hello World!"
index = str.rindex("o")
print(index)
```

运行结果如下：

```
7
```

案例2：指定起始位置和结束位置，查找子字符串在字符串中最后一次出现的位置。

```
str = "Hello World!"
index = str.rindex("o", 0, 5)
print(index)
```

运行结果如下：

```
4
```

案例3：查找不存在的子字符串，抛出ValueError异常。

```
str = "Hello World!"
index = str.rindex("z")
print(index)
```

运行结果如下：

```
ValueError                      Traceback (most recent call last)
Cell In[107], line 2
      1 str = "Hello World!"
----> 2 index = str.rindex("z")
      3 print(index)
ValueError: substring not found
```

4.2.5 字符串对齐的 3 种方法

Python str 提供了3种可用来进行文本对齐的方法，分别是ljust()、rjust()和center()方法，本节就来一一介绍它们的用法。

（1）ljust() 方法

ljust()方法的功能是向指定字符串的右侧填充指定字符，从而达到左对齐文本的目的。ljust()方法的基本格式如下：

$$str.ljust(width[, fillchar])$$

参数含义如下。

· str：表示要进行填充的字符串；

· width：表示包括str本身长度在内，字符串要占的总长度；

· fillchar：作为可选参数，用来指定填充字符串时所用的字符，默认情况使用空格。

案例1：使用ljust()方法对字符串进行左对齐。

```
string = "hello"
new_string = string.ljust(10)
print(new_string)
```

运行结果如下：

```
hello
```

解释：将字符串"hello"使用ljust()方法进行左对齐，指定字符串长度为10，不足的部分用空格进行填充。

案例2：使用ljust()方法对字符串进行左对齐，并指定填充字符。

```
string = "hello"
new_string = string.ljust(10, "*")
print(new_string)
```

运行结果如下：

```
hello*****
```

解释：将字符串"hello"使用ljust()方法进行左对齐，指定字符串长度为10，不足的部分用"*"进行填充。

案例3：使用ljust()方法对列表中的字符串进行左对齐。

```
list = ["apple", "banana", "orange"]
for fruit in list:
    print(fruit.ljust(10))
```

运行结果如下：

```
apple
banana
orange
```

解释：遍历列表中的每个字符串，使用ljust()方法进行左对齐，指定字符串长度为10，不足的部分用空格进行填充。

（2）rjust()方法

rjust()和ljust()方法类似，唯一的不同在于，rjust()方法是向字符串的左侧填充指定字符，从而达到右对齐文本的目的。

rjust()方法的基本格式如下：

$$str.rjust(width[, fillchar])$$

其中各个参数的含义和ljust()完全相同，所以这里不再重复描述。

案例：使用rjust()方法对字符串进行右对齐。

```
#定义字符串
string = "hello world"
#使用rjust()方法进行右对齐
new_string = string.rjust(20)
print(new_string)
```

运行结果如下：

```
         hello world
```

在上面的例子中，我们定义了一个字符串"hello world"，然后使用rjust()方法将其右对齐，并设置总长度为20。输出结果中，字符串"hello world"被右对齐，并在左侧填充了空格，使其总长度为20。

（3）center()方法

center()字符串方法与ljust()和rjust()的用法类似，但它让文本居中，而不是左对齐或右对齐。

center()方法的基本格式如下：

$$str.center(width[, fillchar])$$

其中各个参数的含义和ljust()、rjust()方法相同。

案例：使用center()方法居中输出字符串。

```
string = "hello world"
print(string.center(20))
```

运行结果如下：

```
    hello world
```

4.2.6 去除字符串中空格的 3 种方法

用户输入数据时，很有可能会无意中输入多余的空格，或者在一些场景中，字符串前后不允许出现空格和特殊字符，此时就需要去除字符串中的空格和特殊字符。这里的特殊字符，指的是制表符（\t）、回车符（\r）、换行符（\n）等。

Python中，字符串变量提供了3种方法来删除字符串中多余的空格和特殊字符，分别介绍如下。

· strip()方法：删除字符串前后（左右两侧）的空格或特殊字符。

· lstrip()方法：删除字符串前面（左边）的空格或特殊字符。

· rstrip()方法：删除字符串后面（右边）的空格或特殊字符。

注意，Python的字符串是不可变的（不可变的意思是指，字符串一旦形成，它所包含的字符序列就不能发生任何改变），因此这3种方法只是返回字符串前面或后面空白被删除之后的副本，并不会改变字符串本身。

（1）strip() 方法

strip()方法用于删除字符串左右两个的空格和特殊字符，该方法的语法格式为：

$$str.strip([chars])$$

其中，str表示原字符串；[chars]用来指定要删除的字符，可以同时指定多个，如果不手动指定，则默认会删除空格以及制表符、回车符、换行符等特殊字符。

案例1：去除字符串中的空格。

```
str1 = "  Hello, World!  "
str2 = str1.strip()
print(str2)
```

运行结果如下：

```
Hello, World!
```

案例2：去除字符串中的指定字符。

```
str1 = "###Hello, World!###"
str2 = str1.strip("#")
print(str2)
```

运行结果如下：

```
Hello, World!
```

案例3：去除字符串中的换行符。

```
str1 = "Hello,\nWorld!"
str2 = str1.strip("\n")
print(str2)
```

运行结果如下：

```
Hello,
```

```
World!
```

案例4：去除字符串中的制表符。

```
str1 = "Hello,\tWorld!"
str2 = str1.strip("\t")
print(str2)
```

运行结果如下：

```
Hello,  World!
```

案例5：去除字符串中的空格和制表符。

```
str1 = "  \tHello,\tWorld!   \t"
str2 = str1.strip(" \t")
print(str2)
```

运行结果如下：

```
Hello,  World!
```

（2）lstrip()方法

lstrip()方法用于去掉字符串左侧的空格和特殊字符。该方法的语法格式如下：

$$str.lstrip([chars])$$

其中，str和chars参数的含义，分别同strip()语法格式中的str和chars完全相同。

案例1：去除字符串开头的空格。

```
s = "    Hello, World!"
print(s.lstrip())
```

运行结果如下：

```
Hello, World!
```

案例2：去除字符串开头的指定字符。

```
s = "----Hello, World!"
print(s.lstrip('-'))
```

运行结果如下：

```
Hello, World!
```

案例3：去除多个字符。

```
s = ".,,!Hello, World!"
print(s.lstrip('.,!'))
```

运行结果如下：

```
Hello, World!
```

 （3）rstrip()方法

rstrip()方法用于删除字符串右侧的空格和特殊字符，其语法格式为：

str.rstrip([chars])

str和chars参数的含义和前面2种方法语法格式中的参数完全相同。

案例1：去除字符串末尾的空格和换行符。

```
s = "hello world\n"
s = s.rstrip()
print(s)
```

运行结果如下：

```
hello world
```

案例2：去除字符串末尾的特定字符。

```
s = "hello world!"
s = s.rstrip("!")
print(s)
```

运行结果如下：

```
hello world
```

案例3：去除列表中每个元素末尾的空格和换行符。

```
lst = ["hello ", "world\n", "  "]
lst = [s.rstrip() for s in lst]
print(lst)
```

运行结果如下：

```
['hello', 'world', '']
```

4.2.7 字符串大小写转换的 3 种函数

Python中，为了方便对字符串中的字母进行大小写转换，字符串变量提供了3种方法，分别是title()、lower()和upper()。

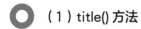（1）title() 方法

title()方法用于将字符串中每个单词的首字母转为大写，其他字母全部转为小写，转换完成后，此方法会返回转换得到的字符串。如果字符串中没有需要被转换的字符，此方法会将字符串原封不动地返回。

title()方法的语法格式如下：

$$str.title()$$

其中，str表示要进行转换的字符串。

案例：单词首字母转换为大写。

```
quote = "be the change you wish to see in the world"
print(quote.title())
```

运行结果如下：

```
Be The Change You Wish To See In The World
```

（2）lower() 方法

lower()方法用于将字符串中的所有大写字母转换为小写字母，转换完成后，该方法会返回新得到的字符串。如果字符串中原本就都是小写字母，则该方法会返回原字符串。

lower() 方法的语法格式如下：

$$str.lower()$$

其中，str 表示要进行转换的字符串。

案例1：将字符串中的大写字母转换为小写字母。

```
string = "Hello World"
lower_case_string = string.lower()
print(lower_case_string)
```

运行结果如下：

```
hello world
```

案例2：比较两个字符串是否相等（不区分大小写）。

```
string1 = "Python"
string2 = "python"
if string1.lower() == string2.lower():
    print("The two strings are equal.")
```

```
else:
    print("The two strings are not equal.")
```

运行结果如下：

```
The two strings are equal.
```

案例3：判断用户输入的密码是否正确（不区分大小写）。

```
password = "Abc123"
user_input = input("Please enter your password: ")
if user_input.lower() == password.lower():
    print("Password is correct.")
else:
    print("Password is incorrect.")
```

运行结果如下：

```
Please enter your password: abc123
Password is correct.
```

○ （3）upper()方法

upper()方法的功能和lower()方法恰好相反，它用于将字符串中的所有小写字母转换为大写字母，和以上2种方法的返回方式相同，即：如果转换成功，则返回新字符串；反之，则返回原字符串。

upper()方法的语法格式如下：

$$str.upper()$$

其中，str表示要进行转换的字符串。

案例1：将字符串中的所有小写字母转换为大写字母。

```
string = "Hello, World!"
upper_string = string.upper()
print(upper_string)
```

运行结果如下：

```
HELLO, WORLD!
```

案例2：检查用户输入的密码是否符合要求（全部为大写字母且长度不少于8个字符）。

```
password = input("Please enter your password: ")
if password.upper() == password and len(password) >= 8:
```

```
    print("Password is valid.")
else:
    print("Password is invalid.")
```

如果用户输入的密码符合要求（全部为大写字母且长度不少于8个字符），则输出"Password is valid."，否则输出"Password is invalid."。

需要注意的是，以上3个方法都仅限于将转换后的新字符串返回，而不会修改原字符串。

4.2.8 获取字符串长度或字节数

Python 中，要想知道一个字符串有多少个字符（获得字符串长度），或者一个字符串占用多少个字节，可以使用len函数。

len()函数的基本语法格式为：

$$len(string)$$

其中string用于指定要进行长度统计的字符串。

案例1：计算字符串的长度。

```
str = "Hello World"
print("字符串的长度为:", len(str))
```

运行结果如下：

```
字符串的长度为:11
```

案例2：计算列表中元素的个数。

```
list = [1, 2, 3, 4, 5]
print("列表元素的个数为:", len(list))
```

运行结果如下：

```
列表元素的个数为:5
```

案例3：计算字典中键值对的个数。

```
dict = {'name': 'Tom', 'age': 20, 'gender': 'male'}
print("字典键值对的个数为:", len(dict))
```

运行结果如下：

```
字典键值对的个数为:3
```

案例4：计算集合中元素的个数

```
set = {1, 2, 3, 4, 5}
print("集合中元素的个数为:", len(set))
```

运行结果如下：

```
集合中元素的个数为:5
```

4.2.9 统计字符串出现次数

count()方法用于检索指定字符串在另一字符串中出现的次数，如果检索的字符串不存在，则返回 0，否则返回出现的次数。

count()方法的语法格式如下：

$$str.count(sub[,start[,end]])$$

参数含义如下。

· str：表示原字符串。

· sub：表示要检索的字符串。

· start：指定检索的起始位置，也就是从什么位置开始检测。如果不指定，默认从头开始检索。

· end：指定检索的终止位置。如果不指定，则表示一直检索到结尾。

案例1：统计某个字符串中某字符出现的次数。

```
my_string = "Hello World"
count_char = my_string.count('o')
print(count_char)
```

运行结果如下：

```
2
```

案例2：统计某个列表中某元素出现的次数。

```
my_list = [1, 2, 3, 2, 4, 2, 5, 2]
count_num = my_list.count(2)
print(count_num)
```

运行结果如下：

```
4
```

注意：count()函数统计的是精确的匹配，如果要统计模糊匹配则需要使用正则表达式等工具。

4.3 列表常用方法

4.3.1 append() 方法

列表的 append() 方法是在原有列表的末尾添加一个元素，它是一个内置方法，可以直接调用。

语法：list.append(obj)

参数说明：

obj：要添加的元素，可以是任何数据类型，包括数字、字符串、列表等。

举个例子，在一个空列表中添加元素：

```
lst = []
lst.append(1)
lst.append(2)
lst.append(3)
print(lst)
```

运行结果如下：

```
[1, 2, 3]
```

在一个已有元素的列表中添加元素：

```
lst = [1, 2, 3]
lst.append(4)
lst.append('hello')
print(lst)
```

运行结果如下：

```
[1, 2, 3, 4, 'hello']
```

除了直接添加元素外，我们还可以使用 append() 方法向列表中添加另一个列表：

```
lst1 = [1, 2, 3]
lst2 = [4, 5, 6]
lst1.append(lst2)
print(lst1)
```

运行结果如下：

```
[1, 2, 3, [4, 5, 6]]
```

注意，此处添加的是一个列表，而不是列表中的元素，因此lst2作为整体加入了lst1中。

总结：append()方法可以向一个列表中添加元素或者另一个列表，是列表操作中常用的方法之一。

4.3.2　clear() 方法

列表中的clear()方法用于清空列表中的所有元素。该方法没有参数，其作用就是将列表中的所有元素删除，使得列表成为一个空列表。

以下是一个简单的示例，使用clear()方法清空列表：

```
numbers = [1, 2, 3, 4, 5]
print(numbers)
```

输出如下：

```
[1, 2, 3, 4, 5]
```

```
numbers.clear()
print(numbers)
```

运行结果如下：

```
[]
```

在上面的示例中，定义了一个包含5个元素的列表numbers。接着使用clear()方法清空了该列表，最终列表中不再存在任何元素，变成了一个空列表[]。

除了清空列表，clear()方法还可以用于释放列表占用的内存空间。由于清空列表后，列表中所有元素都被删除，占用的内存空间变成了0，Python会自动回收该空间。

总之，clear()方法是一个方便的列表操作方法，可以用于清空列表或释放内存空间。在处理大型数据集时特别有用。

4.3.3　copy() 方法

列表的copy()方法用于创建并返回一个与原列表相同的新列表。新列表与原列表的元素和顺序完全一致，但是它们是不同的对象，修改新列表不会影响原列表。copy()方法没有参数。

下面是一个简单的示例：

```
a = [1, 2, 3]
b = a.copy()
b
```

运行结果如下：

```
[1, 2, 3]
```

```
b.append(4)
b
```

运行结果如下：

```
[1, 2, 3, 4]
```

```
a
```

运行结果如下：

```
[1, 2, 3]
```

在上面的示例中，我们首先创建一个列表 a =[1,2,3]。然后我们使用 copy() 方法创建一个新列表 b，接着我们将 4 添加到列表 b 中。尽管我们修改了列表 b，但列表 a 却没有发生变化。

另一个示例：

```
lst = [1, [2, 3], 'four']
new_lst = lst.copy()
new_lst[0] = 'one'
new_lst[1].append(4)
new_lst
```

运行结果如下：

```
['one', [2, 3, 4], 'four']
```

```
lst
```

运行结果如下：

```
[1, [2, 3, 4], 'four']
```

在这个示例中，我们有一个列表 lst，其中包含一个数字、一个列表和一个字符串。我们使用 copy() 方法创建一个新列表 new_lst，并将其第一个元素改为字符串 'one'。我们还在 new_lst 的第二个元素中添加了一个整数 4，它也出现在 lst 的第二个元素中。正如我们通过打印 lst 和 new_lst 所看到的那样，两个列表现在都反映了这些更改。

103

总之，copy返回一个新列表，该列表与原始列表相同，但是两者是不同的对象。任何更改只会在更改的列表中反映出来。这种方法的用途包括复制整个列表或创建对列表的快照。

4.3.4　count() 方法

count()方法是Python中内置的列表方法之一，用于计算列表中某个元素出现的次数。它的语法为 list.count(x)，其中list代表列表名称，x代表需要计数的元素。该方法返回的是一个整数，表示该元素在列表中出现的次数。

以下是一个例子：

```
fruits = ["apple", "banana", "orange", "apple", "apple"]
count_apple = fruits.count("apple")
print(count_apple)
```

运行结果如下：

```
3
```

在上述例子中，我们定义了一个包含多个水果名称的列表 fruits，其中包含了 3 个 "apple" 元素。我们使用 count() 方法来计算该元素在列表中出现的次数，并将结果保存到变量 count_apple 中。最后运行结果为3。

除此之外，count()方法还可以用于统计其他类型的元素，例如数字、布尔值、None等。在计数时，该方法会将列表中与传入参数相同的元素都计入统计。

另外，如果列表中不存在需要计数的元素，则count()方法会返回0。

4.3.5　extend() 方法

列表extend()方法是Python内置的用于在现有列表中添加另一个列表中的元素的方法。该方法可以将一个列表作为参数，并将该列表中的所有元素添加到当前列表的末尾。

以下是使用extend()方法的示例。

案例1：将两个列表合并为一个列表。

```
list1 = [1, 2, 3]
list2 = [4, 5, 6]
list1.extend(list2)
print(list1)
```

运行结果如下：

```
[1, 2, 3, 4, 5, 6]
```

案例2：将迭代器中的所有元素添加到列表中。

```
numbers = [1, 2, 3]
iterator = (4, 5, 6)
numbers.extend(iterator)
print(numbers)
```

运行结果如下：

```
[1, 2, 3, 4, 5, 6]
```

案例3：用extend()方法从空列表中添加元素。

```
numbers = []
numbers.extend([1, 2, 3])
print(numbers)
```

运行结果如下：

```
[1, 2, 3]
```

需要注意的是，extend()方法会改变原始列表，而不是创建一个新列表。如果需要创建一个新列表，可以使用"+"运算符将两个列表合并。

4.3.6　index()方法

列表index()方法是一个内置函数，用于查找列表中指定元素的索引位置。其语法如下：

list.index(item[, start[, end]])

其中，item为待查找的元素；start和end为可选参数，用于限定查找范围。如果找到指定元素，返回其在列表中的索引位置；否则，抛出ValueError异常。

以下是一个示例：

```
fruits = ['apple', 'banana', 'orange', 'apple', 'grape']
print(fruits.index('apple'))
```

运行结果如下：

```
0
```

```
print(fruits.index('apple', 1))
```

运行结果如下：

```
3
```

```
print(fruits.index('apple', 1, 3))
```

抛出异常如下：

```
ValueError: 'apple' is not in list。
```

在上面的示例中，我们创建了一个 fruits 列表，并分别使用 3 种不同的调用方式来查找列表中的 'apple' 元素。

第一次调用 index() 方法时，由于列表中第一个元素就是 'apple'，因此返回其索引位置 0。

第二次调用时，我们指定了 start 参数为 1，即从索引位置 1 开始查找。此时，列表中第四个元素也是 'apple'，因此返回其索引位置 3。

第三次调用时，我们还指定了 end 参数为 3，即仅在第二个元素至第四个元素（不含第四个元素）中查找。但由于在这个范围内没有找到 'apple' 元素，因此抛出 ValueError 异常。

需要注意的是，如果列表中有重复元素，index() 方法只会返回第一个匹配项的索引位置。如果要查找所有匹配项，可以使用列表解析式或 for 循环遍历列表来实现。

4.3.7　insert() 方法

列表的 insert() 方法用于向列表的指定位置插入元素。该方法的语法如下：

$$list.insert(index, obj)$$

其中，index 表示要插入的位置，obj 表示要插入的元素。

例如：

```
#创建一个列表
fruits = ['apple', 'banana', 'cherry']
#使用insert()方法将元素插入到指定位置
fruits.insert(1, 'orange')
print(fruits)
```

运行结果如下：

```
['apple', 'orange', 'banana', 'cherry']
```

在上述例子中，使用 insert() 方法将元素 'orange' 插入到列表 fruits 的第二个元素

106

的位置，即原来的'banana'之前，最终的结果为['apple','orange','banana','cherry']。

4.3.8 pop() 方法

列表 pop() 方法可以从列表中删除并返回指定位置的元素。如果没有指定位置，则默认删除并返回列表中的最后一个元素。

语法如下：

list.pop([index])

其中，index 为要删除元素的位置。如果省略 index，则默认删除并返回列表中的最后一个元素。

以下是一个示例：

```
fruits = ['apple', 'banana', 'cherry']
cherry = fruits.pop(2)
print(fruits)
```

运行结果如下：

```
['apple', 'banana']
```

```
print(cherry)
```

运行结果如下：

```
'cherry'
```

在上面的示例中，pop() 方法被用于删除并返回 fruits 列表中位置号为 2 的元素，即 'cherry'。列表 fruits 现在只包含 'apple' 和 'banana' 两个元素。被删除的 'cherry' 元素被赋值给变量 cherry，可以在后续的代码中使用。

4.3.9 remove() 方法

列表（list）是 Python 中常用的数据类型之一，可以存储多个数据值，并且可以动态增加或删除其中的元素。其中，remove() 方法是一种用于移除列表中指定元素的方法。

remove() 方法的用法如下：

list.remove(elem)

其中，list 表示要进行移除操作的列表对象，elem 表示要被移除的元素。如果该元素存在于列表中，则该方法将其从列表中删除；如果不存在，则会抛出

ValueError异常。

下面是一个简单的示例：

```
lst = [1, 2, 3, 4, 5]
lst.remove(3)
print(lst)
```

运行结果如下：

```
[1, 2, 4, 5]
```

上述代码中，我们创建了一个长度为5的列表lst，并使用remove()方法从中移除了值为3的元素。最终，列表中只剩下了1、2、4、5这四个元素。

4.3.10 reverse() 方法

列表reverse()方法是一个用于Python中列表（list）类型的方法。该方法用于将列表中的元素逆序排列，即将最后一个元素变为第一个，第一个元素变为最后一个，以此类推。

该方法没有参数，会改变原列表并返回None。

以下是一个使用列表reverse()方法的示例：

```
#使用reverse()方法将列表中的元素逆序排列
my_list = [1, 2, 3, 4, 5]
my_list.reverse()
print(my_list)
```

运行结果如下：

```
[5, 4, 3, 2, 1]
```

上述代码中，我们先创建了一个包含5个整数的列表my_list，然后使用reverse()方法将列表元素逆序排列，并最终输出结果。

需要注意的是，reverse()方法是可以对空列表使用的，即该方法不会抛出任何异常，只会返回一个空列表。例如：

```
#对空列表使用reverse()方法
empty_list = []
empty_list.reverse()
print(empty_list)
```

运行结果如下：

```
[]
```

上述代码中，我们先创建了一个空列表empty_list，然后使用reverse()方法将其元素逆序排列，由于该列表本身为空，因此不会输出任何结果。

4.3.11　sort() 方法

列表sort()方法是Python中一个很常用的方法，用于对列表进行升序或降序排序。该方法可以通过可选参数设置排序方式，默认为升序排序。设置降序排序可以传入参数reverse=True。

下面是一个简单的例子用于说明sort()方法的使用：

```
lst = [3, 8, 1, 6, 0, 4]
lst.sort()
print(lst)
```

运行结果如下：

```
[0, 1, 3, 4, 6, 8]
```

在上述例子中，我们首先定义了一个列表lst，其中包含了6个整数。然后我们使用lst.sort()方法对该列表进行升序排序，最后使用print函数输出排序后的列表。

下面是一个使用reverse参数进行降序排序的例子：

```
lst = [3, 8, 1, 6, 0, 4]
lst.sort(reverse=True)
print(lst)
```

运行结果如下：

```
[8, 6, 4, 3, 1, 0]
```

在这个例子中，我们使用了reverse=True的方式将列表lst进行降序排序，最后输出降序排序后的结果。

sort()方法是一个内建函数，可以直接通过列表对象来调用，它的返回值为None，而且它是原地排序，也就是说排序后的列表会直接影响原列表，所以建议在对原列表进行操作之前，先将原列表备份，避免错误发生。

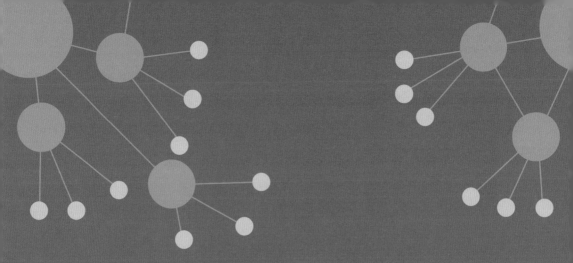

5

Python 数据加载

在数据分析之前，需要加载数据，它是指将数据从数据源中读取并导入到目标系统中的过程，数据源可以是各种类型的数据存储介质，如数据库、文件系统、Web 服务等。本章我们将介绍 Python 读取本地离线数据、Web 在线数据、数据库数据等各种存储形式的数据。

扫码观看本章视频

5.1 加载本地离线数据

5.1.1 加载 TXT 文件数据

read_table()函数是Pandas库中的一个函数，用于从文件、URL或字符串中读取表格数据，并将其转换为DataFrame对象，主要参数如下。

① filepath_or_buffer：文件路径或缓冲区。

② sep：字段分隔符，默认为制表符。

③ delimiter：同sep，用于指定分隔符。

④ header：指定哪一行作为表头，默认为0，即第一行。

⑤ names：用于指定列名。

⑥ index_col：用于指定索引列。

⑦ usecols：用于指定需要读取的列。

⑧ skiprows：用于跳过指定行数。

⑨ nrows：用于指定读取的行数。

⑩ skip_blank_lines：是否跳过空行，默认为True。

⑪ na_values：用于指定缺失值的标识符。

⑫ comment：用于指定注释符号。

⑬ converters：用于指定每列的数据类型转换函数。

⑭ encoding：用于指定文件编码，默认为None，即自动检测编码。

例如，Python直接读取"shanghai_weather.txt"文件数据，代码如下：

```
#连接TXT数据文件
import pandas as pd

data = pd.read_table('D:\Python数据分析从小白到高手\ch05\shanghai_
weather.txt', delimiter=',', encoding='UTF-8')
print(data.head(6))
```

在Jupyter Lab中运行上述代码，输出结果如下所示。

	日期	星期	最高气温	最低气温	天气	风向	级数
0	2023/5/1	星期一	29℃	16℃	晴~多云	东南风	3级
1	2023/5/2	星期二	26℃	18℃	阴~多云	西北风	1级
2	2023/5/3	星期三	27℃	22℃	多云~阴	东南风	4级

3	2023/5/4星期四	29℃	21℃	小雨~中雨	东南风	3级
4	2023/5/5星期五	25℃	17℃	大雨~阴	北风	2级
5	2023/5/6星期六	21℃	15℃	多云~小雨	北风	1级

5.1.2　加载 CSV 文件数据

read_csv()函数是Pandas库中用于读取csv文件的函数，它可以将csv文件中的数据读取到Pandas的DataFrame中，方便进行数据分析和处理，主要参数如下。

① filepath_or_buffer：csv文件的路径或者url，也可以是一个类文件对象（比如StringIO）。

② sep：csv文件中的分隔符，默认为逗号。

③ delimiter：同sep，用于指定分隔符。

④ header：指定csv文件中的哪一行作为列名，如果为None，则会自动识别列名。默认为0，即第一行为列名。

⑤ names：如果header=None，则可以通过names参数指定列名。

⑥ index_col：指定哪一列作为行索引。

⑦ usecols：指定读取哪些列。

⑧ dtype：指定每一列的数据类型。

⑨ skiprows：用于跳过指定行数。

⑩ skipfooter：跳过文件末尾的几行。

⑪ encoding：指定文件的编码方式。

⑫ na_values：将指定的值视为缺失值。

⑬ parse_dates：将指定的列解析为日期格式。

⑭ infer_datetime_format：自动推断日期格式。

返回值：返回一个DataFrame对象，其中包含读取的csv文件的数据。

例如，Python直接读取"shanghai_weather.csv"文件数据，代码如下：

```
#连接CSV数据文件
import pandas as pd

data = pd.read_csv('D:\Python数据分析从小白到高手\ch05\shanghai_
weather.csv', delimiter=',', encoding='UTF-8')
print(data[['日期','最高气温','最低气温']].head(6))
```

在Jupyter Lab中运行上述代码，输出结果如下所示。

	日期	最高气温	最低气温
0	2023/5/1	29℃	16℃
1	2023/5/2	26℃	18℃
2	2023/5/3	27℃	22℃
3	2023/5/4	29℃	21℃
4	2023/5/5	25℃	17℃
5	2023/5/6	21℃	15℃

5.1.3 加载 Excel 文件数据

read_excel()函数是Pandas库中用于读取Excel文件的函数。它可以读取Excel文件中的一个或多个工作表，并将其转换为DataFrame对象，主要参数如下。

① io：Excel文件的路径或URL，也可以是Excel文件的二进制数据。

② sheet_name：要读取的工作表的名称或索引。默认为0，表示读取第一个工作表。

③ header：指定哪一行作为列名。默认为0，表示使用第一行作为列名。

④ index_col：指定哪一列作为行索引。默认为None，表示不使用行索引。

⑤ usecols：指定要读取的列。可以是列名或列索引。

⑥ dtype：指定每列的数据类型。

⑦ converters：指定每列的转换器函数。

⑧ na_values：指定哪些值应该被视为缺失值。

⑨ parse_dates：指定哪些列应该被解析为日期。

⑩ date_parser：指定日期解析函数。

⑪ nrows：指定要读取的行数。

⑫ skiprows：指定要跳过的行数。

⑬ skipfooter：指定要跳过的尾部行数。

⑭ engine：指定解析引擎。默认为auto，表示自动选择最佳引擎。

例如，Python直接读取Excel文件数据，代码如下：

```
#连接Excel数据文件
import pandas as pd


data = pd.read_excel('D:\Python数据分析从小白到高手\ch05\shanghai_
weather.xls')
```

113

```
print(data[['日期','最高气温','天气']].head(6))
```

在Jupyter Lab中运行上述代码，输出结果如下所示。

	日期	最高气温	天气
0	2023-05-01	29℃	晴~多云
1	2023-05-02	26℃	阴~多云
2	2023-05-03	27℃	多云~阴
3	2023-05-04	29℃	小雨~中雨
4	2023-05-05	25℃	大雨~阴
5	2023-05-06	21℃	多云~小雨

5.2 加载常用数据库数据

5.2.1 加载 Oracle 数据库数据

相比于MySQL、SQL Server数据库，Python读取Oracle数据库数据的流程较复杂，需要安装第三方cx_Oracle包，还需要注意Python版本与Oracle版本的对应关系，以及数据库的权限配置等问题。

cx_Oracle是Python中连接Oracle数据库的模块，其中connect()函数用于创建一个数据库连接，主要参数如下。

① user：连接数据库的用户名。

② password：连接数据库的密码。

③ dsn：数据源名称，指定连接的数据库及其他信息。

④ mode：连接模式，默认为cx_Oracle.DEFAULT_AUTH。

⑤ encoding：连接编码方式，默认为None。

⑥ nencoding：连接NLS编码方式，默认为None。

⑦ events：指定事件处理器。

⑧ threaded：是否使用多线程，默认为False。

⑨ **kwargs：其他参数，如handleerror、pooling等。

例如，连接数据库中的orders表，代码如下：

```
#连接Oracle数据库
import cx_Oracle
import pandas as pd

#读取Oracle数据
conn =cx_Oracle.connect('sys/Wren2014@192.168.93.128:1521/
XEPDB1',mode=cx_Oracle.SYSDBA)
sql_num = '''SELECT "order_date","deliver_date","province" FROM
SALES.ORDERS where "dt"=2022'''
data = pd.read_sql(sql_num,conn)
print(data)
```

在Jupyter Lab中运行上述代码，输出结果如下所示。

```
      order_date    deliver_date    province
0     2022-12-23    2022-12-23      内蒙古
1     2022-12-23    2022-12-23      江西
2     2022-12-23    2022-12-23      内蒙古
3     2022-12-23    2022-12-25      湖北
4     2022-12-23    2022-12-23      内蒙古
...        ...           ...         ...
3614  2022-01-01    2022-01-03      上海
3615  2022-01-01    2022-01-03      上海
3616  2022-01-01    2022-01-03      黑龙江
3617  2022-01-01    2022-01-05      山西
3618  2022-01-01    2022-01-03      上海
[3619 rows x 3 columns]
```

注意：在Windows环境下连接Oracle数据库时，可能会弹出如下的错误："DatabaseError: DPI-1047: Cannot locate a 64-bit Oracle Client library:"The specified module could not be found"."。

这是由于Python和Oracle数据库的版本一个是32位，而另一个是64位，下面介绍一个简单的解决方法。

在Oracle官方网站下载对应的远程连接客户端，并将下载的instantclient文件夹中的dll文件复制到Python环境下，具体dll文件如图5-1所示。

oci.dll	2013/10/10 4:06	应用程序扩展	676 KB
ocijdbc11.dll	2013/9/13 12:22	应用程序扩展	135 KB
ociw32.dll	2013/10/10 3:20	应用程序扩展	471 KB
orannzsbb11.dll	2013/9/11 9:13	应用程序扩展	1,566 KB
oraocci11.dll	2013/10/10 3:03	应用程序扩展	1,207 KB
oraociei11.dll	2013/10/10 4:08	应用程序扩展	138,890 KB
orasql11.dll	2013/10/10 3:31	应用程序扩展	350 KB

图 5-1 需要复制的 dll 文件

5.2.2 加载 MySQL 数据库数据

Python可以直接读取MySQL数据库，需要安装pymysql库，create_engine('mysql+pymysql')是Python中用于连接MySQL数据库的函数，它使用了pymysql驱动程序来实现MySQL的连接和操作，主要参数如下。

① dialect: 指定数据库类型，这里是mysql。

② driver: 指定驱动程序，这里是pymysql。

③ host: 指定数据库主机名或IP地址。

④ port: 指定数据库端口号，默认为3306。

⑤ user: 指定连接数据库的用户名。

⑥ password: 指定连接数据库的密码。

⑦ database: 指定连接的数据库名称。

⑧ charset: 指定字符集，常用的有UTF-8、GBK等。

⑨ pool_size: 指定连接池大小，即同时打开的连接数。

⑩ max_overflow: 指定连接池中最多可以创建的连接数，当连接池中的连接数达到这个值时，新的连接请求将被阻塞。

例如，统计汇总数据库orders表中最近3年商品销售额和利润额，代码如下：

```
#连接MySQL数据库
import pymysql
import pandas as pd
from sqlalchemy import create_engine

#连接MySQL数据库
con = create_engine('mysql+pymysql://root:root@192.168.93.128:3306/sales')
```

```
sql_num = "SELECT dt,ROUND(SUM(sales/10000),4) as sales,ROUND(SUM
(profit/10000),4) as profit FROM orders GROUP BY dt"
data = pd.read_sql(sql_num,conn)
print(data)
```

在Jupyter Lab中运行上述代码，输出结果如下所示。

```
     dt    sales     profit
0  2022  593.0941  15.3067
1  2021  505.8246  13.5136
2  2020  467.9273  12.2352
```

5.2.3 加载 SQL Server 数据库数据

Python可以读取SQL Server数据库数据，需要安装pymssql库，create_engine('mssql+pymssql')是Python中用于创建与Microsoft SQL Server数据库进行交互的引擎。其中，'mssql'是数据库类型，'pymssql'是Python的MSSQL数据库驱动，主要参数如下。

① dialect：数据库类型，此处为'mssql'。

② driver：数据库驱动，此处为'pymssql'。

③ username：登录数据库的用户名。

④ password：登录数据库的密码。

⑤ host：数据库服务器的地址。

⑥ port：数据库服务器的端口号。

⑦ database：要连接的数据库名称。

⑧ echo：是否开启SQL语句的输出，默认为False。

⑨ pool_size：连接池中的连接数，默认为5。

⑩ max_overflow：连接池中最多可以创建的连接数，默认为10。

⑪ pool_timeout：连接池中连接的超时时间，默认为30s。

⑫ connect_args：连接数据库时的其他参数，例如字符集等。

⑬ kwargs：其他可选参数，例如ssl等。

例如，查询数据库orders表中2022年每个月的销售额和利润额，代码如下：

```
#连接SQL Server数据库
import pymssql
```

117

```
import pandas as pd
from sqlalchemy import create_engine

#读取SQL Server数据
con = create_engine('mssql+pymssql://
sa:Wren2014@192.168.93.128:3306/sales')
sql_num = "SELECT month(order_date) as 月份,ROUND(SUM(sales),4)
as 销售额,ROUND(SUM(profit),4) as 利润额 FROM orders where dt=2022
group by month(order_date) ORDER BY 月份"
data = pd.read_sql(sql_num,conn)
print(data)
```

在 Jupyter Lab 中运行上述代码，输出结果如下所示。

	月份	销售额	利润额
0	1	310052.267	8069.9533
1	2	306611.200	8708.9112
2	3	433641.705	11244.1750
3	4	322656.677	7782.7328
4	5	554886.906	14573.9250
5	6	522090.681	14385.9175
6	7	369494.454	9492.1475
7	8	630758.758	16038.1055
8	9	635716.963	17202.1385
9	10	702275.910	18247.7903
10	11	556703.735	11933.7807
11	12	586051.872	15387.5490

5.3 加载 Hadoop 集群数据

5.3.1 集群软件及其版本

本书使用的 Hadoop 集群是基于三台虚拟机搭建，它是由三个节点（master、slave1、slave2）构成的 Hadoop 完全分布式集群，节点使用的操作系统为Centos 6.5，Hadoop的版本为2.5.2。

首先，需要下载并安装VMware，这里我们选择的是VMware Workstation pro 15.1.0版本，它是一款先进的虚拟化软件，将成为提高生产效率、为各类用户设计的桌面虚拟化解决方案，是开展业务所不可或缺的利器，具体安装过程可参考网上的相关教程，这里不做介绍。

然后，我们需要下载并安装Centos 6.5系统，CentOS 是一个基于Red Hat Linux 提供的可自由使用源代码的企业级Linux发行版本，每个版本的CentOS都会获得十年的支持。具体安装过程参考网上的相关教程，这里也不做具体介绍。

本书使用的Hadoop集群上安装的软件及其版本如下：

```
apache-hive-1.2.2-bin.tar.gz
hadoop-2.5.2.tar.gz
jdk-7u71-linux-x64.tar.gz
mysql-5.7.20-linux-glibc2.12-x86_64.tar.gz
scala-2.10.4.tgz
spark-1.4.0-bin-hadoop2.4.tgz
sqoop-1.4.6.bin__hadoop-2.0.4-alpha.tar.gz
zeppelin-0.7.3-bin-all.tgz
```

其中，集群主节点master上安装的软件如下：

```
apache-hive-1.2.2
hadoop-2.5.2
jdk-7u71
mysql-5.7.20
scala-2.10.4
spark-1.4.0
sqoop-1.4.6
zeppelin-0.7.3
```

集群主节点/etc/profile文件的配置如下：

```
export   JAVA_HOME=/usr/java/jdk1.7.0_71/
export   HADOOP_HOME=/home/dong/hadoop-2.5.2
export   SCALA_HOME=/home/dong/scala-2.10.4
export   SPARK_HOME=/home/dong/spark-1.4.0-bin-hadoop2.4
export   HIVE_HOME=/home/dong/apache-hive-1.2.2-bin
export   SQOOP_HOME=/home/dong/sqoop-1.4.6.bin__hadoop-2.0.4-alpha
```

```
export  PYTHONPATH=/home/dong/spark-1.4.0-bin-hadoop2.4/Python
export  RPATH=/home/dong/spark-1.4.0-bin-hadoop2.4/R
export  ZEPPELIN_HOME=/home/dong/zeppelin-0.7.3-bin-all
export  PATH=$HADOOP_HOME/bin:$HADOOP_HOME/sbin:$SCALA_HOME/
bin:$JAVA_HOME/bin:$SPARK_HOME/bin:$HIVE_HOME/bin:$SQOOP_HOME/
bin:/usr/local/mysql/bin:$ZEPPELIN_HOME/bin:$PATH
```

此外，集群两个从节点slave1与slave2上安装的软件如下：

```
hadoop-2.5.2
jdk-7u71
scala-2.10.4
spark-1.4.0
```

集群两个从节点/etc/profile文件的配置如下：

```
export  JAVA_HOME=/usr/java/jdk1.7.0_71/
export  HADOOP_HOME=/home/dong/hadoop-2.5.2
export  SCALA_HOME=/home/dong/scala-2.10.4
export  SPARK_HOME=/home/dong/spark-1.4.0-bin-hadoop2.4
export  PYTHONPATH=/home/dong/spark-1.4.0-bin-hadoop2.4/Python
export  RPATH=/home/dong/spark-1.4.0-bin-hadoop2.4/R
export  PATH=$HADOOP_HOME/bin:$HADOOP_HOME/sbin:$SCALA_HOME/
bin:$JAVA_HOME/bin:$SPARK_HOME/bin:$PATH
```

5.3.2 集群网络环境配置

为了使得集群既能相互之间进行通信，又能够进行外网通信，需要为节点添加网卡，上网方式均采用桥接模式，外网IP设置为自动获取，通过此网卡进行外网访问，配置应该按照用户当前主机的上网方式进行合理配置，如果不与主机通信的话可以采用NAT上网方式，这样选取默认配置就行，内网IP设置为静态IP。

（1）配置集群节点网络

Hadoop集群各节点的网络IP配置如下：

```
master: 192.168.1.7
slave1: 192.168.1.8
slave2: 192.168.1.9
```

下面给出固定master虚拟机IP地址的方法，slave1和slave2与此类似：

```
vi /etc/sysconfig/network-scripts/ifcfg-eth0
TYPE="Ethernet"
UUID="b8bbe721-56db-426c-b1c8-38d33c5fa61d"
ONBOOT="yes"
NM_CONTROLLED="yes"
BOOTPROTO="static"
IPADDR=192.168.1.7
NETMASK=255.255.255.0
GATEWAY=192.168.1.1
DNS1=192.168.1.1
DNS2=114.144.114.114
```

为了不直接使用IP，可以通过设置hosts文件达到三个节点之间相互登录的效果，三个节点设置都相同，配置hosts文件，在文件尾部添加如下行，保存后退出：

```
vi /etc/hosts
192.168.1.7 master
192.168.1.8 slave1
192.168.1.9 slave2
```

⬤ （2）关闭防火墙和 SELinux

为了节点间的正常通信，需要关闭防火墙，三个节点设置都相同，集群是处于局域网中，因此关闭防火墙一般也不会存在安全隐患。

查看防火墙状态的命令：

```
service iptables status
```

防火墙即时生效，重启后复原，命令如下。

· 开启：service iptables start

· 关闭：service iptables stop

如果需要永久性生效，重启后不会复原，命令如下。

· 开启：chkconfig iptables on

· 关闭：chkconfig iptables off

关闭SELinux的方法，如下。

· 临时关闭SELinux：setenforce 0

· 临时打开SELinux：setenforce 1

· 查看 SELinux 状态：getenforce

· 开机关闭 SELinux：编辑 /etc/selinux/config 文件，将 SELINUX 的值设置为 disabled，下次开机 SELinux 就不会启动了。

● （3）免密钥登录设置

设置 master 节点和两个 slave 节点之间的双向 ssh 免密通信，下面以 master 节点 ssh 免密登录 slave1 节点设置为例，进行 ssh 设置介绍（以下操作均在 master 机器上操作）。

· 首先生成 master 的 rsa 密钥：$ssh-keygen -t rsa；

· 设置全部采用默认值进行回车；

· 将生成的 rsa 追加写入授权文件：$cat ~/.ssh/id_rsa.pub >> ~/.ssh/authorized_keys；

· 给授权文件权限：$chmod 600 ~/.ssh/authorized_keys；

· 进行本机 ssh 测试：$ssh master（正常免密登录后所有的 ssh 第一次登录都需要密码，此后都不需要密码）；

· 将 master 上的 authorized_keys 传到 slave1 和 slave2：

```
scp ~/.ssh/authorized_keys root@slave1:~/.ssh/authorized_keys
scp ~/.ssh/authorized_keys root@slave2:~/.ssh/authorized_keys
```

· 登录 slave1 操作：$ssh slave1 输入密码登录；

· 退出 slave1：$exit；

· 进行免密 ssh 登录测试：$ssh slave1。

同理登录 slave2 进行相同的操作。

5.3.3 Python 连接 Hive

Python 借助 impyla 包，可以连接到 Hadoop 集群的 Hive，下面具体介绍其步骤。

首先需要启动 Hadoop 集群和 Hive 的相关进程，主要步骤如下。

① 启动 hadoop：

```
/home/dong/hadoop-2.5.2/sbin/start-all.sh
```

② 后台运行 Hive：

```
nohup hive --service metastore > metastore.log 2>&1 &
```

③ 启动Hive的hiveserver2：

```
hive --service hiveserver2  &
```

④ 查看启动的进程，输入jps，确认已经启动了以下7个进程，如图5-2所示。

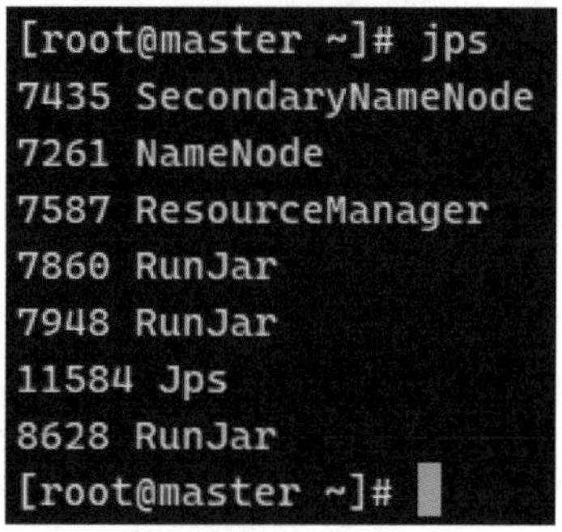

然后安装以下几个第三方包：impyla、thirftpy。如果安装包的时候报错，需要下载离线安装包后再进行安装，注意要与Python版本相匹配。

impala.dbapi是Python中连接Impala数据库的模块，其中的connect()函数用于建立与Impala数据库的连接，主要参数如下：

```
[root@master ~]# jps
7435 SecondaryNameNode
7261 NameNode
7587 ResourceManager
7860 RunJar
7948 RunJar
11584 Jps
8628 RunJar
[root@master ~]#
```

图5-2 查看启动的进程

① host：Impala数据库所在的主机名或IP地址。

② port：Impala数据库的端口号，默认为21050。

③ database：要连接的数据库名称。

④ user：连接数据库的用户名。

⑤ password：连接数据库的密码。

⑥ auth_mechanism：Impala服务器认证机制，默认为NOSASL，还可以选择PLAIN、GSSAPI、LDAP等。

⑦ kerberos_service_name：Kerberos服务名称，在使用Kerberos认证机制时才需设置。

⑧ timeout：连接超时时间，单位为秒，默认为None，即无限等待。

这样就能成功地安装PyHive了，测试代码如下：

```
#导入第三方包
import pandas as pd
from impala.dbapi import connect

#连接集群数据
conn = connect(host='192.168.93.137', port=10000, database='sales',
user='root')
sql_num = 'select order_id,sales,profit,rate from orders'
data = pd.read_sql(sql_num,conn)
print(data)
```

在Jupyter Lab中运行上述测试程序，输出结果如下所示。

123

```
           order_id       sales      profit      rate
0      CN-2020-102953     68.600      2.726       3.97
1      CN-2020-102944   7225.680    363.520       5.03
2      CN-2020-102945    338.100      7.784       2.30
3      CN-2020-102946   2597.616    -22.270      -0.86
4      CN-2020-102937    284.760      9.666       3.39
...           ...          ...         ...         ...   ...
9669   CN-2022-100003   1607.340     59.560       3.71
9670   CN-2022-100004   3304.700    115.045       3.48
9671   CN-2022-100002    591.500     18.014       3.05
9672   CN-2022-100006     87.780      2.508       2.86
9673   CN-2022-100005   5288.850    -49.210      -0.93

[9674 rows x 4 columns]
```

5.4　加载 Web 在线数据

Python可以读取Web在线数据，这里选取的数据集是UCI上的红酒数据集，该数据集是对意大利同一地区种植的葡萄酒进行化学分析的结果，这些葡萄酒来自3个不同的品种，分析确定了3种葡萄酒中每种葡萄酒含有的13种成分的数量。

不同种类的酒品，它的成分也有所不同，通过对这些成分的分析就可以对不同的特定的葡萄酒进行分类分析，原始数据集共有178个样本数，3种数据类别，每个样本有13个属性。

这里Python加载Web在线数据，使用了urlopen()函数和loadtxt()函数。

urlopen()函数是Python标准库中urllib.request模块中的一个函数，用于打开URL并获取其内容，函数的主要参数如下。

① url：要打开的URL，可以是字符串类型的URL或者一个'Request'对象。

② data：向URL发送的数据，如果不提供该参数，则默认为'None'。

③ timeout：设置超时时间，单位为秒，如果不指定，则默认使用全局默认超时时间。

④ cafile：指定CA证书文件的路径，用于验证服务器证书。

⑤ capath：指定CA证书文件夹的路径，用于验证服务器证书。

⑥ cadefault：指定是否使用操作系统默认的CA证书。

⑦ context：指定SSL上下文，用于HTTPS请求。

loadtxt()函数是Python中numpy模块中的一个函数，用于从文本文件中加载数据到NumPy数组中，函数的主要参数如下。

① fname：要加载的文件名或文件路径。

② dtype：返回的NumPy数组的数据类型。

③ delimiter：指定分隔符，默认为任何空格字符。

④ skiprows：跳过文件的前几行。

⑤ usecols：要加载的列的索引或列名，可以是一个整数、一个元组或一个列表。

⑥ unpack：如果为True，则返回的数组会被解包为多个数组，每个数组对应一个列。

⑦ ndmin：返回数组的最小维度。

Python读取红酒在线数据集的代码如下：

```
#导入相关库
import numpy as np
import pandas as pd
import urllib.request

url = 'http://archive.ics.uci.edu//ml//machine-learning-
databases//wine//wine.data'

raw_data = urllib.request.urlopen(url)
dataset_raw = np.loadtxt(raw_data, delimiter=",")
df = pd.DataFrame(dataset_raw)
print(df.head())
```

在Jupyter Lab中运行上述代码，输出结果如下所示。

	0	1	2	3	4	5	6	7	8	9	10	11	...
0	1.0	14.23	1.71	2.43	15.6	127.0	2.80	3.06	0.28	2.29	5.64	...
1	1.0	13.20	1.78	2.14	11.2	100.0	2.65	2.76	0.26	1.28	4.38	...
2	1.0	13.16	2.36	2.67	18.6	101.0	2.80	3.24	0.30	2.81	5.68	...
3	1.0	14.37	1.95	2.50	16.8	113.0	3.85	3.49	0.24	2.18	7.80	...
4	1.0	13.24	2.59	2.87	21.0	118.0	2.80	2.69	0.39	1.82	4.32	...

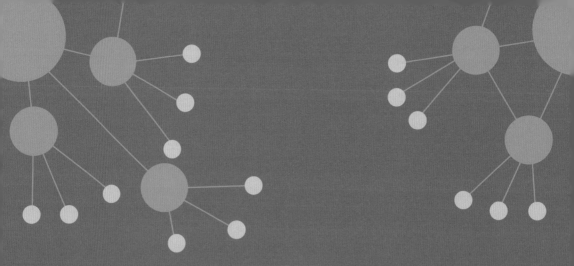

6

Python 数据准备

在实际项目中，我们需要从不同的数据源中提取数据、对数据进行准确性检查、转换和合并整理数据，并载入到数据库，从而供应用程序分析和应用。本章我们将详细介绍如何使用Python进行数据准备，包括数据的索引、排序、切片、聚合、透视、合并等。

扫码观看本章视频

6.1 数据的索引

数据的索引是指通过指定数据的某个属性或位置来访问数据的过程。常见的数据索引方式包括按照行列索引、按照属性索引、按照层级索引等。本节将会介绍 Python 如何创建索引、创建层次化索引、调整索引等。

6.1.1 创建索引

在创建索引之前，我们首先创建一个由 4 个渠道的客户数量构成的数据集，代码如下：

```
import numpy as np
import pandas as pd
cust = {'年份':['2022年','2022年','2022年','2023年','2023
年','2023年'],'月份':['1月', '2月', '3月', '1月', '2月', '3
月'],'ad': [55,58,79,68,63,76], 'tel': [49,48,61,51,51,66],'srch':
[38,45,50,43,43,49],'intr': [25,19,25,22,22,30]}
cust = pd.DataFrame(cust)
print(cust)
```

运行上述代码，创建的数据集，如下所示。

	年份	月份	ad	tel	srch	intr
0	2022年	1月	55	49	38	25
1	2022年	2月	58	48	45	19
2	2022年	3月	79	61	50	25
3	2023年	1月	68	51	43	22
4	2023年	2月	63	51	43	22
5	2023年	3月	76	66	49	30

使用 index 可以查看数据集的所有，默认是从 0 开始步长为 1 的数值索引，代码如下所示。

```
cust.index
```

代码输出结果如下所示。

```
RangeIndex(start=0, stop=6, step=1)
```

set_index()函数可以将其一列转换为行索引，代码如下所示。

```
cust1 = cust.set_index(['月份'])
print(cust1)
```

代码输出结果如下所示。

月份	年份	ad	tel	srch	intr
1月	2022年	55	49	38	25
2月	2022年	58	48	45	19
3月	2022年	79	61	50	25
1月	2023年	68	51	43	22
2月	2023年	63	51	43	22
3月	2023年	76	66	49	30

set_index()函数还可以将其多列转换为行索引，代码如下所示。

```
cust1 = cust.set_index(['年份','月份'])
print(cust1)
```

代码输出结果如下所示。

年份	月份	ad	tel	srch	intr
2022年	1月	55	49	38	25
	2月	58	48	45	19
	3月	79	61	50	25
2023年	1月	68	51	43	22
	2月	63	51	43	22
	3月	76	66	49	30

默认情况下，索引列字段会从数据集中移除，但是通过设置drop参数也可以将其保留下来，代码如下所示。

```
cust2 = cust.set_index(['年份','月份'],drop=False)
print(cust2)
```

代码输出结果如下所示。

年份	月份	年份	月份	ad	tel	srch	intr
2022年	1月	2022年	1月	55	49	38	25
	2月	2022年	2月	58	48	45	19
	3月	2022年	3月	79	61	50	25
2023年	1月	2023年	1月	68	51	43	22
	2月	2023年	2月	63	51	43	22
	3月	2023年	3月	76	66	49	30

128

6.1.2 创建层次化索引

reset_index()函数的功能跟set_index()函数刚好相反，层次化索引的级别会被转移到数据集中的列里面，代码如下所示。

```
cust3 = cust1.reset_index()
print(cust3)
```

代码输出结果如下所示。

	年份	月份	ad	tel	srch	intr
0	2022年	1月	55	49	38	25
1	2022年	2月	58	48	45	19
2	2022年	3月	79	61	50	25
3	2023年	1月	68	51	43	22
4	2023年	2月	63	51	43	22
5	2023年	3月	76	66	49	30

可以通过unstack()方法对数据集进行重构，unstack()方法类似pivot()方法，不同之处在于，unstack()方法是针对索引或者标签，即将列索引转成最内层的行索引；而pivot()方法则是针对列的值，即指定某列的值作为行索引，代码如下所示。

```
cust4 = cust1.unstack()
print(cust4)
```

代码输出结果如下所示。

	ad			tel			srch			intr		
月份	1月	2月	3月	1月	2月	3月	1月	2月	3月	1月	2月	3月
年份												
2022年	55	58	79	49	48	61	38	45	50	25	19	25
2023年	68	63	76	51	51	66	43	43	49	22	22	30

此外，stack()方法是unstack()方法的逆运算，代码如下所示。

```
cust5 = cust1.unstack().stack()
print(cust5)
```

代码输出结果如下所示。

年份	月份	ad	tel	srch	intr
2022年	1月	55	49	38	25
	2月	58	48	45	19
	3月	79	61	50	25

2023年	1月	68	51	43	22
	2月	63	51	43	22
	3月	76	66	49	30

6.1.3 调整索引

有时，可能需要调整索引的顺序，swaplevel()函数接收两个级别编号或名称，并返回一个互换了级别的新对象，例如对年份和月份的索引级别进行调整，代码如下所示。

```
cust6 = cust1.swaplevel('年份','月份')
print(cust6)
```

代码输出结果如下所示。

月份	年份	ad	tel	srch	intr
1月	2022年	55	49	38	25
2月	2022年	58	48	45	19
3月	2022年	79	61	50	25
1月	2023年	68	51	43	22
2月	2023年	63	51	43	22
3月	2023年	76	66	49	30

sort_index()函数可以对数据进行排序，参数level设置需要排序的列，注意这里的列包含索引列，第一列是0（"年份"列），第二列是1（"月份"列），代码如下所示。

```
cust7 = cust1.sort_index(level=1)
print(cust7)
```

代码输出结果如下所示。

年份	月份	ad	tel	srch	intr
2022年	1月	55	49	38	25
2023年	1月	68	51	43	22
2022年	2月	58	48	45	19
2023年	2月	63	51	43	22
2022年	3月	79	61	50	25
2023年	3月	76	66	49	30

6.2 数据的排序

数据的排序是指将原始数据按照某个属性或位置进行排序的过程。通常，可以按照升序或降序来排序，也可以指定多个排序键。本节我们将介绍如何按索引排序和按数值排序等。

6.2.1 按行索引排序数据

在介绍Pandas数据排序之前，还是创建一个关于4个渠道客户数量的数据集，代码如下：

```python
import numpy as np
import pandas as pd
cust = {'ad': [55,58,79,68,63,76],'tel': [49,48,61,51,51,66],'srch':
[38,45,50,43,43,49],'intr': [25,19,25,22,22,30]}
cust = pd.DataFrame(cust, index=['1月','2月','3月','4月','5月','6
月'])
print(cust)
```

运行上述代码，创建的数据集，如下所示。

	ad	tel	srch	intr
1月	55	49	38	25
2月	58	48	45	19
3月	79	61	50	25
4月	68	51	43	22
5月	63	51	43	22
6月	76	66	49	30

使用sort_index()函数对数据集按行索引进行降序排序，设置ascending参数为False，默认是True，代码如下所示。

```python
cust8 = cust.sort_index(ascending=False)
print(cust8)
```

代码输出结果如下所示。

	ad	tel	srch	intr
6月	76	66	49	30
5月	63	51	43	22
4月	68	51	43	22
3月	79	61	50	25
2月	58	48	45	19
1月	55	49	38	25

6.2.2 按列索引排序数据

可以通过设置axis=1实现按列索引对数据集进行排序，代码如下所示。

```
cust9 = cust.sort_index(axis=1)
print(cust9)
```

代码输出结果如下所示。

	ad	intr	srch	tel
1月	55	25	38	49
2月	58	19	45	48
3月	79	25	50	61
4月	68	22	43	51
5月	63	22	43	51
6月	76	30	49	66

默认是按升序排序的，但也可以降序排序。参数ascending默认为True，即升序，如果设置为False就为降序，代码如下所示。

```
cust10 = cust.sort_index(axis=1, ascending=False)
print(cust10)
```

代码输出结果如下所示。

	tel	srch	intr	ad
1月	49	38	25	55
2月	48	45	19	58
3月	61	50	25	79
4月	51	43	22	68
5月	51	43	22	63
6月	66	49	30	76

6.2.3 按一列或多列排序数据

使用sort_values()函数，设置by参数，可以根据某一个列中的值进行排序，代码如下所示。

```
cust11 = cust.sort_values(by='srch', ascending=True)
print(cust11)
```

代码输出结果如下所示。

	ad	tel	srch	intr
1月	55	49	38	25
4月	68	51	43	22
5月	63	51	43	22
2月	58	48	45	19
6月	76	66	49	30
3月	79	61	50	25

如果要根据多个数据列中的值进行排序，by参数需要传入名称列表，代码如下所示。

```
cust12 = cust.sort_values(by=['srch','intr'], ascending=False)
print(cust12)
```

代码输出结果如下所示。

	ad	tel	srch	intr
3月	79	61	50	25
6月	76	66	49	30
2月	58	48	45	19
4月	68	51	43	22
5月	63	51	43	22
1月	55	49	38	25

6.2.4 按一行或多行排序数据

对于行数据的排序，可以先转置数据集，然后按照上述列数据的排序方法进行排序，代码如下所示。

```
custT = cust.T
cust13 = custT.sort_values(by=['4月','5月'], ascending=True)
print(cust13)
```

代码输出结果如下所示。

	1月	2月	3月	4月	5月	6月
intr	25	19	25	22	22	30
srch	38	45	50	43	43	49
tel	49	48	61	51	51	66
ad	55	58	79	68	63	76

6.3　数据的切片

数据的切片是指通过指定某些条件来选择数据的一部分。通常，可以按照属性、位置、布尔值等多种条件来进行数据的切片。本节将会介绍Python如何提取多列数据、多行数据、某个区域的数据等。

6.3.1　提取一列或多列数据

在介绍数据切片之前，首先需要创建一个由4个渠道客户数量构成的数据集，代码如下：

```
import numpy as np
import pandas as pd
cust = {'ad': [55,58,79,68,63,76],'tel': [49,48,61,51,51,66],'srch':
[38,45,50,43,43,49],'intr': [25,19,25,22,22,30]}
cust = pd.DataFrame(cust, index=['1月','2月','3月','4月','5月','6月'])
print(cust)
```

运行上述代码，创建的数据集，如下所示。

	ad	tel	srch	intr
1月	55	49	38	25
2月	58	48	45	19
3月	79	61	50	25
4月	68	51	43	22
5月	63	51	43	22
6月	76	66	49	30

可以提取某一列数据，代码如下所示。

```
cust['tel']
```

代码输出结果如下所示。

```
1月    49
2月    48
3月    61
4月    51
5月    51
6月    66
Name: tel, dtype: int64
```

可以提取某几列连续和不连续的数据，例如两列数据，代码如下所示。

```
cust14 = cust[['tel','intr']]
print(cust14)
```

代码输出结果如下所示。

```
      tel   intr
1月    49    25
2月    48    19
3月    61    25
4月    51    22
5月    51    22
6月    66    30
```

6.3.2   提取一行或多行数据

可以使用loc和iloc获取特定行的数据，其中，iloc()函数是通过行号获取数据，而loc()函数是通过行标签索引数据，例如提取第二行数据，代码如下所示。

```
cust.iloc[1]
```

代码输出结果如下所示。

```
ad      58
tel     48
srch    45
intr    19
```

```
Name: 2月, dtype: int64
```

也可以提取几行数据，注意行号也是从0开始，区间是左闭右开，例如提取第三行到第五行的数据，代码如下所示。

```
cust15 = cust.iloc[2:5]
print(cust15)
```

代码输出结果如下所示。

	ad	tel	srch	intr
3月	79	61	50	25
4月	68	51	43	22
5月	63	51	43	22

如果不指定iloc的行索引的初始值，默认从0开始，即第一行，代码如下所示。

```
cust16 = cust.iloc[:3]
print(cust16)
```

代码输出结果如下所示。

	ad	tel	srch	intr
1月	55	49	38	25
2月	58	48	45	19
3月	79	61	50	25

6.3.3 提取指定区域的数据

使用iloc()函数还可以提取指定区域的数据，例如，提取第三行到第五行，第二列到第四列的数据，代码如下所示。

```
cust17 = cust.iloc[2:5,1:3]
print(cust17)
```

代码输出结果如下所示。

	tel	srch
3月	61	50
4月	51	43
5月	51	43

此外，如果不指定区域中列索引的初始值，那么从第一列开始，代码如下所示。同理，如果不指定列索引的结束值，那么提取后面的所有列。

```
cust18 = cust.iloc[2:5,:3]
print(cust18)
```

代码输出结果如下所示。

```
     ad    tel   srch
3月   79    61    50
4月   68    51    43
5月   63    51    43
```

6.4　数据的聚合

数据的聚合是指将原始数据进行统计，得到某些汇总信息的过程。常见的聚合函数包括求和、平均数、中位数、最大值、最小值等。本节将会介绍按指定列聚合、多字段分组聚合、自定义聚合等。

6.4.1　groupby() 函数：分组聚合

groupby()函数是Python标准库中itertools模块中的一个函数，用于对迭代器进行分组操作。该函数可以将迭代器中相邻的具有相同的键（key）的元素分为一组，并返回一个由元素分组后的结果所组成的迭代器，主要参数如下。

① iterable：要进行分组操作的迭代器。

② key：用于分组的键，是一个函数，输入为迭代器中的元素，输出为分组依据。如果不提供该参数，则默认使用元素本身作为键。

③ sort：是否对元素进行排序，默认为False。

④ return：指定返回值的类型，默认为itertools.groupby()对象，也可以选择返回一个字典，其中键为分组依据，值为分组后的元素列表。

下面重新创建一个关于3个渠道客户数量构成的数据集，代码如下：

```
import numpy as np
import pandas as pd
```

```
cust = {'月份':['1月','2月','1月','2月','1月','2月','1月','2月'],
'年份':['2022年','2023年','2022年','2023年','2022年','2023年','2022
年','2023年'], '门店':['门店A','门店A ','门店B','门店B ','门店C','
门店C','门店D','门店D'], 'ad': [55,58,39,38,43,36,22,11],'tel': [52,
48,29,34,53,32,20,18],'srch': [53,52,36,33,41,32,21,14]}
cust = pd.DataFrame(cust)
print(cust)
```

运行上述代码，创建的数据集，如下所示。

	月份	年份	门店	ad	tel	srch
0	1月	2022年	门店A	55	52	53
1	2月	2023年	门店A	58	48	52
2	1月	2022年	门店B	39	29	36
3	2月	2023年	门店B	38	34	33
4	1月	2022年	门店C	43	53	41
5	2月	2023年	门店C	36	32	32
6	1月	2022年	门店D	22	20	21
7	2月	2023年	门店D	11	18	14

此外，groupby()函数可以实现对多个字段的分组统计，例如每个年份的1
月和2月各个渠道的平均客户数量，代码如下所示。

```
cust19 = cust.groupby(['年份','月份'])[['ad','tel','srch']].mean()
print(cust19)
```

代码输出结果如下所示。

年份	月份	ad	tel	srch
2022年	1月	39.75	38.5	37.75
2023年	2月	35.75	33.0	32.75

6.4.2　agg() 函数：更多聚合指标

在Python中，describe()函数是Pandas库中DataFrame对象的一个方法，
用于对数据进行描述性统计分析。该函数可以计算数据集中的各种统计量，包括
平均值、标准差、最小值、最大值、中位数、四分位数等。此外，describe()函
数还可以返回数据集的基本信息，如数据类型、非空值数量、缺失值数量等。常
用参数如下。

① percentiles：指定要计算的分位数，默认计算25%、50%、75%分位数。

② include/exclude：指定要包含/排除哪些数据类型的列，默认包含数值类型的列。

③ datetime_is_numeric：指定日期时间类型的列是否也要进行统计分析，默认为False，即日期时间类型的列不进行统计分析。

例如，对不同渠道的客户数量进行描述性统计分析，代码如下所示：

```
cust.describe()
print(cust20)
```

代码输出结果如下所示。

	ad	tel	srch
count	8.000000	8.000000	8.000000
mean	37.750000	35.750000	35.250000
std	15.599908	13.822859	13.625082
min	11.000000	18.000000	14.000000
25%	32.500000	26.750000	29.250000
50%	38.500000	33.000000	34.500000
75%	46.000000	49.000000	43.750000
max	58.000000	53.000000	53.000000

但是，如果要使用自定义的聚合函数，只需将其传入aggregate()或agg()函数，agg()函数是Pandas库中的一个函数，用于对数据进行聚合操作。它可以对一个或多个列进行聚合操作，并返回一个DataFrame对象，主要参数如下。

① func：指定聚合函数，可以是内置函数（如sum、mean等），也可以是自定义函数。

② axis：指定聚合方向，0表示对每一列进行聚合操作，1表示对每一行进行聚合操作。

③ level：指定多级索引的层级，对于单级索引可以不设置。

④ numeric_only：指定是否只对数值类型进行聚合操作。

⑤ **kwargs：用于传递函数的参数，可以是一个字典或关键字参数。

例如这里定义的是sum、count、mean、max、min，代码如下所示。

```
cust_1 = cust.drop(['门店','月份'],axis=1)
cust21 = cust_1.groupby('年份').agg(['sum','count', 'mean','max',
'min'])
print(cust21)
```

139

代码输出结果如下所示。

年份	ad					tel					srch				
	sum	count	mean	max	min	sum	count	mean	max	min	sum	count	mean	max	min
2022年	159	4	39.75	55	22	154	4	38.5	53	20	151	4	37.75	53	21
2023年	143	4	35.75	58	11	132	4	33.0	48	18	131	4	32.75	52	14

6.5　数据的透视

数据的透视是指将原始数据按照某些属性进行分组，然后对每组数据进行聚合，得到透视表的过程。透视表可以帮助分析数据之间的关系。本节将介绍利用pivot_table()函数和crosstab()函数进行数据的透视。

6.5.1　pivot_table()函数：数据透视

在Python中，可以通过前面介绍的groupby()函数重塑运算制作透视表。此外Pandas中还有一个顶级的pivot_table()函数，用于创建数据透视表。它可以根据指定的列对数据进行分组并计算统计量，然后将结果以表格的形式展示出来，主要参数如下。

① data：要进行操作的数据集。

② values：要进行统计的列。

③ index：分组的列。

④ columns：用于创建列的列。

⑤ aggfunc：用于计算统计量的函数，默认为mean（平均值）。

⑥ fill_value：用于填充缺失值的值。

⑦ margins：是否在结果中包含总计。

接下来，我们介绍一下下面程序使用的数据集，众所周知，在西方国家的服务行业中，顾客会给服务员一定金额的小费，这里我们使用餐饮行业的小费数据集，它包括消费总金额（totall_bill）、小费金额（tip）、顾客性别（sex）、消费的星期（day）、消费的时间段（time）、用餐人数（size）、顾客是否抽烟（smoker）等7个字段，如表6-1所示。

表6-1 客户小费数据集

total_bill	tip	sex	smoker	day	time	size
14.83	3.02	Female	No	Sun	Dinner	2
21.58	3.92	Male	No	Sun	Dinner	2
10.33	1.67	Female	No	Sun	Dinner	3
16.29	3.71	Male	No	Sun	Lunch	3
16.97	3.5	Female	No	Sun	Lunch	3
20.65	3.35	Male	No	Sat	Lunch	3
17.92	4.08	Male	No	Sat	Lunch	2
20.29	2.75	Female	No	Sat	Lunch	2
15.77	2.23	Female	No	Sat	Dinner	2
…	…	…	…	…	…	…

下面导入数据集，代码如下：

```
import pandas as pd
tips = pd.read_csv('D:/Python数据分析从小白到高手/ch06/tips.csv',
delimiter=',',encoding='UTF-8')
print(tips)
```

运行上述代码，输出结果如下所示。

```
     total_bill    tip     sex    smoker    day     time   size

0       16.99     1.01    Female    No      Sun    Dinner    2
1       10.34     1.66    Male      No      Sun    Dinner    3
2       21.01     3.50    Male      No      Sun    Dinner    3
3       23.68     3.31    Male      No      Sun    Dinner    2
4       24.59     3.61    Female    No      Sun    Dinner    4
...      ...       ...    ...       ...     ...    ...      ...
239     29.03     5.92    Male      No      Sat    Dinner    3
240     27.18     2.00    Female    Yes     Sat    Dinner    2
241     22.67     2.00    Male      Yes     Sat    Dinner    2
242     17.82     1.75    Male      No      Sat    Dinner    2
243     18.78     3.00    Female    No      Thur   Dinner    2
244  rows  ×  7  columns
```

例如，想要根据sex和smoker计算分组平均数，并将sex和smoker放到行上，代码如下：

141

```
tips1 = tips.drop(['day', 'time'],axis=1)
pd.pivot_table(tips1,index = ['sex', 'smoker'])
```

运行上述代码，输出结果如下所示。

sex	smoker	size	tip	total_bill
Female	No	2.592593	2.773519	18.105185
	Yes	2.242424	2.931515	17.977879
Male	No	2.711340	3.113402	19.791237
	Yes	2.500000	3.051167	22.284500

例如，想聚合tip和size，而且需要根据sex和day进行分组，将smoker放到列上，把sex和day放到行上，代码如下：

```
tips.pivot_table(values=['tip','size'],index=['sex',
'day'],columns='smoker')
```

运行上述代码，输出结果如下所示。

		size		tip	
	smoker	No	Yes	No	Yes
Female	Fri	2.500000	2.000000	3.125000	2.682857
	Sat	2.307692	2.200000	2.724615	2.868667
	Sun	3.071429	2.500000	3.329286	3.500000
	Thur	2.480000	2.428571	2.459600	2.990000
Male	Fri	2.000000	2.125000	2.500000	2.741250
	Sat	2.656250	2.629630	3.256563	2.879259
	Sun	2.883721	2.600000	3.115349	3.521333
	Thur	2.500000	2.300000	2.941500	3.058000

可以对这个表作进一步处理，例如传入margins=True添加加分小计，代码如下：

```
tips.pivot_table(values=['tip','size'], index=['sex','day'],
columns='smoker',margins=True)
```

运行上述代码，输出结果如下所示。

		size			tip		
	smoker	No	Yes	All	No	Yes	All
Female	Fri	2.500000	2.000000	2.111111	3.125000	2.682857	2.781111
	Sat	2.307692	2.200000	2.250000	2.724615	2.868667	2.801786
	Sun	3.071429	2.500000	2.944444	3.329286	3.500000	3.367222
	Thur	2.480000	2.428571	2.468750	2.459600	2.990000	2.575625
Male	Fri	2.000000	2.125000	2.100000	2.500000	2.741250	2.693000

142

	Sat	2.656250	2.629630	2.644068	3.256563	2.879259	3.083898
	Sun	2.883721	2.600000	2.810345	3.115349	3.521333	3.220345
	Thur	2.500000	2.300000	2.433333	2.941500	3.058000	2.980333
All		2.668874	2.408602	2.569672	2.991854	3.008710	2.998279

如果要使用其他的聚合函数，将其传给参数 aggfunc 即可。例如，使用 len 可以得到有关分组大小的交叉表，代码如下：

```
tips.pivot_table(values=['tip','size'],index=['sex','day'], col
umns='smoker',margins=True,aggfunc=len)
```

运行上述代码，输出结果如下所示。

		size			tip		
smoker		No	Yes	All	No	Yes	All
Female	Fri	2	7	9	2.0	7.0	9.0
	Sat	13	15	28	13.0	15.0	28.0
	Sun	14	4	18	14.0	4.0	18.0
	Thur	25	7	32	25.0	7.0	32.0
Male	Fri	2	8	10	2.0	8.0	10.0
	Sat	32	27	59	32.0	27.0	59.0
	Sun	43	15	58	43.0	15.0	58.0
	Thur	20	10	30	20.0	10.0	30.0
All		151	93	244	151.0	93.0	244.0

6.5.2　crosstab() 函数：数据交叉

crosstab()函数是Pandas库中的一个函数，用于计算两个或多个因素之间的交叉表。它可以将数据按照行和列进行分类，然后计算每个分类的频数或百分比，主要参数如下。

① index：指定行索引，可以是一个或多个因素。

② columns：指定列索引，可以是一个或多个因素。

③ values：指定要计算的值，可以是一个或多个因素。

④ aggfunc：指定聚合函数，用于计算值。默认值为计数函数 count。

⑤ rownames：指定行名称。

⑥ colnames：指定列名称。

⑦ margins：指定是否计算行和列的总计。

例如，需要根据性别和是否吸烟对数据进行统计汇总，代码如下：

143

```
import pandas as pd
pd.crosstab(tips.sex, tips.smoker, margins=True)
```

运行上述代码，输出结果如下所示。

```
smoker    No    Yes    All
Female    54    33     87
  Male    97    60     157
   All    151   93     244
```

例如，需要根据性别、星期和是否吸烟对数据进行统计汇总，代码如下：

```
pd.crosstab([tips.sex, tips.day], tips.smoker, margins=True)
```

运行上述代码，输出结果如下所示。

```
        smoker    No    Yes    All
Female    Fri     2     7      9
          Sat     13    15     28
          Sun     14    4      18
          Thur    25    7      32
Male      Fri     2     8      10
          Sat     32    27     59
          Sun     43    15     58
          Thur    20    10     30
All               151   93     244
```

6.6 数据的合并

数据的合并是指将多个数据集合并成一个数据集的过程。常见的数据合并方式包括concat、merge等。合并数据可以方便我们对数据进行分析和处理。本节我们将介绍横向合并merge()函数和纵向合并concat()函数。

6.6.1 merge() 函数：横向合并

pandas对象中的数据可以通过一些方式进行合并：

- pandas.merge()函数根据一个或多个键将不同数据集中的行连接起来。
- pandas.concat()函数可以沿着某条轴，将多个对象堆叠到一起。

144

merge()函数是Pandas库中的一个函数，用于将两个数据框按照指定的键（key）进行合并，主要参数如下。

① left：要合并的左侧数据框。

② right：要合并的右侧数据框。

③ how：合并方式，包括'left'、'right'、'outer'、'inner'，默认为'inner'。

④ on：用于合并的列名，必须在左右两个数据框中都存在。

⑤ left_on：左侧数据框中用于合并的列名。

⑥ right_on：右侧数据框中用于合并的列名。

⑦ left_index：如果为True，则使用左侧数据框中的索引进行合并。

⑧ right_index：如果为True，则使用右侧数据框中的索引进行合并。

⑨ sort：如果为True，则按照合并键进行排序，默认为True。

⑩ suffixes：如果左右两个数据框中有相同的列名，则在列名后添加后缀用以区分。

⑪ copy：如果为False，则在合并时不复制数据，直接在原数据框上修改，默认为True。

在介绍数据合并之前，创建一个关于4个渠道客户数量的数据集，代码如下：

```
import numpy as np
import pandas as pd
cust1 = {'月份':['1月','2月','3月','4月','5月','6月'],
'类型':['第一季度','第一季度','第一季度','第二季度','第二
季度','第二季度'],'ad':[55,58,79,68,63,76], 'tel':
[49,48,61,51,51,66],'srch': [38,45,50,43,43,49],'intr':
[25,19,25,22,22,30]}
cust1 = pd.DataFrame(cust1)
print(cust1)
```

运行上述代码，创建的数据集，如下所示。

	月份	类型	ad	tel	srch	intr
0	1月	第一季度	55	49	38	25
1	2月	第一季度	58	48	45	19
2	3月	第一季度	79	61	50	25
3	4月	第二季度	68	51	43	22
4	5月	第二季度	63	51	43	22
5	6月	第二季度	76	66	49	30

再创建一个关于其他（other）渠道客户数量的数据集，代码如下：

```
import numpy as np
import pandas as pd
cust2 = {'月份':['1月', '2月', '3月', '7月','8月', '9月'],'类型':['
第一季度','第一季度','第一季度','第三季度','第三季度','第三季度'],
'other':[18,22,10,16,18,12]}
cust2 = pd.DataFrame(cust2)
print(cust2)
```

运行上述代码，创建的数据集，如下所示。

	月份	类型	other
0	1月	第一季度	18
1	2月	第一季度	22
2	3月	第一季度	10
3	7月	第三季度	16
4	8月	第三季度	18
5	9月	第三季度	12

使用merge()函数横向合并两个数据集，代码如下所示。

```
cust3 = pd.merge(cust1, cust2)
print(cust3)
```

代码输出结果如下所示。

	月份	类型	ad	tel	srch	intr	other
0	1月	第一季度	55	49	38	25	18
1	2月	第一季度	58	48	45	19	22
2	3月	第一季度	79	61	50	25	10

如果没有指明使用哪个列连接，横向连接会重叠列的列名。可以通过参数on指定合并所依据的关键字段，例如指定月份，代码如下所示。

```
cust4 = pd.merge(cust1, cust2, on='月份')
print(cust4)
```

代码输出结果如下所示。

	月份	类型_x	ad	tel	srch	intr	类型_y	other
0	1月	第一季度	55	49	38	25	第一季度	18
1	2月	第一季度	58	48	45	19	第一季度	22
2	3月	第一季度	79	61	50	25	第一季度	10

146

由于演示的需要，下面再创建两个关于各个渠道客户数量的数据集，代码如下：

```
import numpy as np
import pandas as pd
cust5 = {'月份1':['1月','2月','3月','4月','5月','6
月'],'类型':['第一季度','第一季度','第一季度','第二季度',
'第二季度','第二季度'],'ad':[55,58,79,68,63,76], 'tel':
[49,48,61,51,51,66],'srch': [38,45,50,43,43,49],'intr':
[25,19,25,22,22,30]}
cust6 = {'月份2':['1月', '2月', '3月', '4月','5月', '6月'],'类
型':['第一季度','第一季度','第一季度','第三季度','第三季度','第三季
度'],'other': [18,22,10,16,18,12]}
cust5 = pd.DataFrame(cust5)
cust6 = pd.DataFrame(cust6)
```

当两个数据集中的关键字段名称不一样时，需要使用left_on和right_on，代码如下所示。

```
cust7 = pd.merge(cust5, cust6, left_on='月份1', right_on='月份2')
print(cust7)
```

代码输出结果如下所示。

	月份1	类型_x	ad	tel	srch	intr	月份2	类型_y	other
0	1月	第一季度	55	49	38	25	1月	第一季度	18
1	2月	第一季度	58	48	45	19	2月	第一季度	22
2	3月	第一季度	79	61	50	25	3月	第一季度	10
3	4月	第二季度	68	51	43	22	4月	第三季度	16
4	5月	第二季度	63	51	43	22	5月	第三季度	18
5	6月	第二季度	76	66	49	30	6月	第三季度	12

默认情况下，横向连接merge()函数使用的是"内连接（inner）"，即输出是两个数据集的交集。其他方式还有"左连接（left）""右连接（right）"和"外连接（outer）"，这个与数据库中的表连接基本类似。内连接代码如下所示。

```
cust8 = pd.merge(cust1, cust2, on='月份', how='inner')
print(cust8)
```

代码输出结果如下所示。

	月份	类型_x	ad	tel	srch	intr	类型_y	other
0	1月	第一季度	55	49	38	25	第一季度	18

147

	月份							
1	2月	第一季度	58	48	45	19	第一季度	22
2	3月	第一季度	79	61	50	25	第一季度	10

左连接是左边的数据集不加限制，右边的数据集仅会显示与左边相关的数据，代码如下所示。

```
cust9 = pd.merge(cust1, cust2, on='月份', how='left')
print(cust9)
```

代码输出结果如下所示。

	月份	类型_x	ad	tel	srch	intr	类型_y	other
0	1月	第一季度	55	49	38	25	第一季度	18.0
1	2月	第一季度	58	48	45	19	第一季度	22.0
2	3月	第一季度	79	61	50	25	第一季度	10.0
3	4月	第二季度	68	51	43	22	NaN	NaN
4	5月	第二季度	63	51	43	22	NaN	NaN
5	6月	第二季度	76	66	49	30	NaN	NaN

右连接是右边的数据集不加限制，左边的数据集仅会显示与右边相关的数据，代码如下所示。

```
cust10 = pd.merge(cust1, cust2, on='月份', how='right')
print(cust10)
```

代码输出结果如下所示。

	月份	类型_x	ad	tel	srch	intr	类型_y	other
0	1月	第一季度	55.0	49.0	38.0	25.0	第一季度	18
1	2月	第一季度	58.0	48.0	45.0	19.0	第一季度	22
2	3月	第一季度	79.0	61.0	50.0	25.0	第一季度	10
3	7月	NaN	NaN	NaN	NaN	NaN	第三季度	16
4	8月	NaN	NaN	NaN	NaN	NaN	第三季度	18
5	9月	NaN	NaN	NaN	NaN	NaN	第三季度	12

外连接输出的是两个数据集的并集，组合了左连接和右连接的效果，代码如下所示。

```
cust11 = pd.merge(cust1, cust2, on='月份', how='outer')
print(cust11)
```

代码输出结果如下所示。

	月份	类型_x	ad	tel	srch	intr	类型_y	other
0	1月	第一季度	55.0	49.0	38.0	25.0	第一季度	18.0
1	2月	第一季度	58.0	48.0	45.0	19.0	第一季度	22.0
2	3月	第一季度	79.0	61.0	50.0	25.0	第一季度	10.0
3	4月	第二季度	68.0	51.0	43.0	22.0	NaN	NaN
4	5月	第二季度	63.0	51.0	43.0	22.0	NaN	NaN
5	6月	第二季度	76.0	66.0	49.0	30.0	NaN	NaN
6	7月	NaN	NaN	NaN	NaN	NaN	第三季度	16.0
7	8月	NaN	NaN	NaN	NaN	NaN	第三季度	18.0
8	9月	NaN	NaN	NaN	NaN	NaN	第三季度	12.0

6.6.2　concat() 函数：纵向合并

concat()函数是Pandas库中的函数，用于将两个或多个数据框按照某个轴进行拼接，主要参数如下。

① objs：要拼接的数据帧序列，可以是一个列表或元组。

② axis：指定拼接的轴。默认为0，表示按行拼接；1表示按列拼接。

③ join：指定拼接方式。默认为"outer"，表示取并集；"inner"表示取交集。

④ ignore_index：是否忽略原数据帧的索引。默认为False，表示保留原索引；True表示忽略原索引，生成新的连续整数索引。

⑤ keys：为拼接后的数据帧添加层次化索引。

⑥ sort：是否按照字典顺序排序。默认为False，表示不排序；True表示排序。

⑦ copy：是否复制数据。默认为True，表示复制；False表示不复制，直接拼接。

在介绍纵向连接之前，首先创建两个关于4个渠道客户数量的数据集，代码如下所示。

```
import numpy as np
import pandas as pd
cust12 = {'月份':['1月', '2月', '3月'],'季度':['第一季度','第
一季度','第一季度'],'ad': [55,58,79],'tel': [49,48,61],'srch':
[38,45,50],'intr': [25,19,25]}
```

```
cust13 = {'月份':['4月','5月', '6月'],'季度':['第二季度','第二
季度','第二季度'],'ad': [68,63,76],'tel': [51,51,66],'srch':
[43,43,49],'intr': [22,22,30]}
cust12 = pd.DataFrame(cust12)
cust13 = pd.DataFrame(cust13)
```

使用concat()函数可以实现数据集的纵向合并，代码如下所示。

```
cust14 = pd.concat([cust12, cust13])
print(cust14)
```

代码输出结果如下所示。

	月份	季度	ad	tel	srch	intr
0	1月	第一季度	55	49	38	25
1	2月	第一季度	58	48	45	19
2	3月	第一季度	79	61	50	25
0	4月	第二季度	68	51	43	22
1	5月	第二季度	63	51	43	22
2	6月	第二季度	76	66	49	30

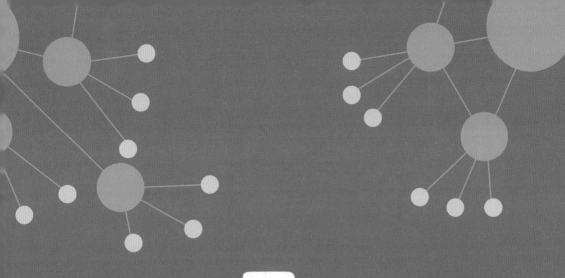

7

Python 数据可视化

Python是一种功能强大的编程语言，也是一种流行的数据分析工具，其数据可视化能力也非常强大，本章我们将结合实际案例介绍Python的主要数据可视化库，包括Matplotlib、Pyecharts、Seaborn、Plotly、Altair、NetworkX等。

扫码观看本章视频

7.1 Matplotlib

7.1.1 Matplotlib 库简介

Matplotlib是Python中流行的数据可视化库，基于NumPy的数组运算功能，提供了各种图形和图表的绘制工具，用户通过使用Matplotlib可以轻松地画一些简单或复杂的图形，编写几行代码即可生成线图、直方图、功率谱、条形图、错误图、散点图等。Matplotlib的特点是功能强大、灵活性高、可定制性强，可以满足各种数据可视化的需求。

Matplotlib的主要功能如下。

· 绘制各种图形：Matplotlib支持多种图形的绘制，包括线图、柱状图、散点图、饼图、直方图等。

· 定制图形样式：Matplotlib提供了丰富的样式选项，用户可以自定义图形的颜色、线型、标签、字体等。

· 支持多种数据格式：Matplotlib支持多种数据格式，包括Python列表、NumPy数组、Pandas数据框等。

· 支持交互式操作：Matplotlib支持鼠标悬停、缩放、拖拽等交互操作，用户可以更加灵活地探索数据。

· 支持多种输出格式：Matplotlib支持多种输出格式，包括PNG、PDF、SVG等，用户可以根据自己的需求选择不同的输出格式。

Python绘图库众多，各有各的特点，但是Maplotlib是一个非常基础的Python可视化库，如果需要学习Python数据可视化，那么Maplotlib是非学不可的，之后再学习其他库就比较简单了。Matplotlib的中文学习资料比较丰富，其中最好的学习资料是其官方网站的帮助文档，用户可以在上面查阅自己感兴趣的内容。

安装Anaconda后，会默认安装Matplotlib库，如果要单独安装Matplotlib库，则可以通过pip命令实现，命令为pip install Matplotlib，前提是需要先安装pip包。

7.1.2 业绩考核误差条形图

误差条形图是一类特殊的条形图，由带标记的线条组成，用于显示有关图形中所显示数据的统计信息，误差条形图具有三个Y值，即平均值、下限误差值、上限误差值。

操作者可以将统计信息手动分配给每个点，但在大多数情况下，是根据其他序列中的数据来计算的，Y值的顺序十分重要，因为值数组中的每个位置都表示误差条形图上的一个数值。

Matplotlib绘制条形图，使用plt.bar()函数，参数如下：

```
plt.bar(x,height,width=0.8,bottom=None,*,align='center',data=None,
**kwargs)
```

plt.bar()函数的参数说明如表7-1所示。

表7-1　plt.bar()函数参数说明

参数	说明
x	设置横坐标
height	条形的高度
width	条形图宽度，默认值为0.8
bottom	条形的起始位置
align	条形的中心位置
color	条形的颜色
edgecolor	边框的颜色
linewidth	边框的宽度
tick_label	下标的标签
log	y轴使用科学记数法表示
orientation	是竖直条还是水平条

为了深入研究企业2022年不同地区的销售业绩是否达标，拟定的最低业绩目标是50万元，我们绘制了各地区销售额的误差条形图，具体代码如下：

```
#导入第三方包
import pymysql
import pandas as pd
import matplotlib as mpl
import matplotlib.pyplot as plt
from sqlalchemy import create_engine

mpl.rcParams['font.sans-serif']=['SimHei']      #显示中文
plt.rcParams['axes.unicode_minus']=False        #正常显示负号

#连接MySQL数据库
```

153

```
conn = create_engine('mysql+pymysql://root:root@127.0.0.1:3306/
sales')
```

```
#读取订单表数据
sql = "SELECT region,ROUND(SUM(sales)/10000,2) as sales,
ROUND(SUM(sales)/10000-30,2) as err FROM orders where dt=2022
GROUP BY region order by err desc"
df = pd.read_sql(sql,conn)
```

```
#设置图形大小
plt.figure(figsize=(12,7))
colors = ['DarkSlateBlue','DarkBlue','DarkCyan','DarkGreen','Mi
dnightBlue','Blue']
plt.bar(df['region'], df['sales'], yerr=df['err'], width=0.8,
align='center', ecolor='Maroon', alpha=0.9,color=colors, label='
地区销售额');
```

```
#添加数据标签
for a,b in zip(df['region'],df['sales']):
    plt.text(a, b+0.05, '%.2f' % b, ha='center', va=
'bottom',fontsize=16)
```

```
#设置坐标轴刻度值大小以及刻度值字体
plt.tick_params(labelsize=16)
plt.rc('font',size=16)
```

```
#添加坐标轴标签
plt.xlabel('地区名称',size=16)
plt.ylabel('销售额',size=16)
plt.title('2022年各地区销售业绩完成情况',size=20)
plt.legend(loc='upper right',fontsize=16)
plt.show()
```

在Jupyter Lab中运行上述代码，生成如图7-1所示的各门店销售额的误差条形图，从图中可以看出，在2020年，各地区的销售额与业绩目标50万元之间的差距，其中，只有西南和西北地区没有完成业绩，分别是47.54万元、31.10万元，其他地区均超额完成目标。

154

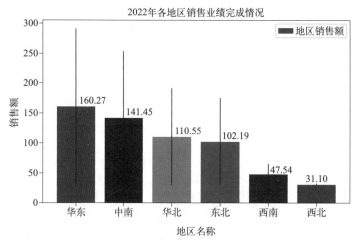

图 7-1　误差条形图

7.2　Pyecharts

7.2.1　Pyecharts 库简介

　　Pyecharts是一个基于Python语言的数据可视化库，它基于Echarts.js实现了各种图表的绘制，包括折线图、柱状图、散点图、地图等。Pyecharts具有简单易用、美观大方、交互性强等优点，受到了广泛的欢迎。截至2023年6月，Pyecharts的最新版本是2.0.3，注意Pyecharts的V2版本系列已从Echarts 4切换到Echarts 5，支持Python 3.6至Python 3.11。

　　Pyecharts的主要功能如下。

　　·数据可视化：Pyecharts支持各种图表的绘制，可以帮助用户将数据转化为可视化的图形，更直观地展示数据。

　　·交互性强：Pyecharts支持鼠标悬停、缩放、拖拽等交互操作，用户可以更加灵活地探索数据。

　　·简单易用：Pyecharts的API设计简单易懂，用户可以快速上手，实现自己想要的图表效果。

　　·多种输出格式：Pyecharts支持多种输出格式，包括HTML、图片、SVG等，用户可以根据自己的需求选择不同的输出格式。

　　·支持多种数据格式：Pyecharts支持多种数据格式，包括Python列表、字典、Pandas数据框等，用户可以根据自己的数据格式选择合适的API。

Pyecharts的主要图形如下。

·基本图形：共计13类，包括日历图、漏斗图、仪表盘、关系图、水球图、平行坐标系、饼图、极坐标系、雷达图、桑基图、旭日图、主题河流图、词云图。

·直角坐标系图形：共计9类，包括柱状图/条形图、箱形图、涟漪特效散点图、热力图、K线图、折线/面积图、象形柱状图、散点图、层叠多图。

·树形图表：共计2类，包括树图、矩形树图。

·地理图表：共计3类，包括地理坐标系、地图、百度地图。

·3D图表：共计7类，包括3D柱状图、3D折线图、3D散点图、3D曲面图、3D路径图、三维地图、GL关系图。

·组合图表：共计4类，包括并行多图、顺序多图、选项卡多图、时间线轮播多图。

·HTML组件：共计3类，包括通用配置项、表格、图像。

总之，Pyecharts是一个功能强大、易于使用的数据可视化库，可以帮助用户快速、直观地展示数据，提高数据分析的效率和准确性。

7.2.2　销售额主题河流图

主题河流图是一种特殊的流图，它主要用来表示事件或主题等在一段时间内的变化。它是一种围绕中心轴线移位的堆积面积图，显示了不同类别的数据随时间的变化情况，使用流动的有机形状，类似于河流的水流。

在主题河流图中，每个流的形状大小与每个类别中的值成比例，平行流动的轴变量一般用于显示时间，在时间序列数据的可视化分析中比较实用。主题河流图是显示大数据集的最优选择，可以显示数据随时间的变化趋势。

主题河流图在时间序列数据的可视化分析中比较实用，当我们需要探索几个不同主题的热度（或其他统计量）随时间的演变趋势，并在同时期进行比较时就可以使用该图形。

Pyecharts主题河流图的参数配置如表7-2所示。

表7-2　Pyecharts主题河流图参数说明

参数	说明
series_name	系列名称，用于tooltip的显示，legend的图例筛选
data	系列数据项

参数	说明
is_selected	是否选中图例
label_opts	标签配置项
tooltip_opts	提示框组件配置项
singleaxis_opts	单轴组件配置项

为了分析2022年10月份某企业不同类型商品的利润额情况，可以绘制其不同商品利润额的主题河流图，代码如下：

```python
#声明Notebook类型，必须在引入pyecharts.charts等模块前声明
from pyecharts.globals import CurrentConfig, NotebookType
CurrentConfig.NOTEBOOK_TYPE = NotebookType.JUPYTER_LAB

import pymysql
from pyecharts import options as opts
from pyecharts.charts import Page, ThemeRiver

#连接MySQL表数据
conn = pymysql.connect(host='127.0.0.1',port=3306,user='root',pass
word='root',db='sales',charset='utf8')
cursor = conn.cursor()

#读取MySQL表数据
sql_num = "SELECT order_date,ROUND(SUM(profit),2),category FROM
orders WHERE order_date>='2022-10-01' and order_date<='2022-10-31'
GROUP BY category,order_date"
cursor.execute(sql_num)
sh = cursor.fetchall()
v1 = []
v2 = []
for s in sh:
    v1.append([s[0],s[1],s[2]])

#绘制主题河流图
def themeriver() -> ThemeRiver:
    c = (
        ThemeRiver()
        .add(
```

157

```
            ["办公类","家具类","技术类"],
            v1,
            singleaxis_opts=opts.SingleAxisOpts(type_="time",
pos_bottom="20%")
        )
        .set_global_opts(title_opts=opts.TitleOpts(title="不同
类型商品利润额比较分析"),
                        toolbox_opts=opts.ToolboxOpts(),
                        legend_opts=opts.LegendOpts(is_
show=True,pos_left ='center',pos_top ='top',item_width =
20,item_height = 20)
            )
        .set_series_opts(label_opts=opts.LabelOpts(position='to
p',color='black',font_size=15))
    )
    return c

#第一次渲染时候调用load_javascript文件
themeriver().load_javascript()
#展示数据可视化图表
themeriver().render_notebook()
```

在 Jupyter Lab 中运行上述代码，生成如图 7-2 所示的主题河流图，从图形可以看出，在 2022 年 10 月份，3 种类型商品的利润额波动性都较大。

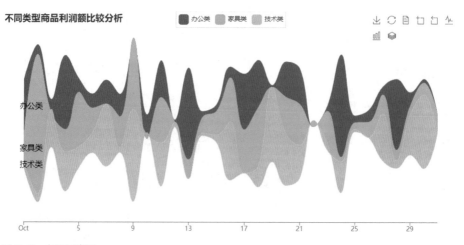

图 7-2　主题河流图

7.3　Seaborn

7.3.1　Seaborn 库简介

Seaborn是Python中一款基于Matplotlib的高级数据可视化库，它提供了各种美观、多样化的图表，可以快速、方便地绘制统计图形和信息图表。Seaborn的特点是简单易用、美观实用、可定制性强，可以帮助用户快速、直观地展示数据，提高数据分析的效率和准确性。

Seaborn的主要功能如下。

·绘制各种图形：Seaborn支持多种图形的绘制，包括线图、柱状图、散点图、热力图、箱形图等。

·支持多种数据格式：Seaborn支持多种数据格式，包括Python列表、NumPy数组、Pandas数据框等。

·自动化调整图形样式：Seaborn可以自动化调整图形的样式，包括颜色、字体、标签等，使得图形更加美观。

·支持统计分析：Seaborn支持统计分析，可以绘制多种统计图形，如核密度图、分布图等。

·支持多种输出格式：Seaborn支持多种输出格式，包括PNG、PDF、SVG等，用户可以根据自己的需求选择不同的输出格式。

相比于Matplotlib，Seaborn语法更简洁，两者的关系类似于NumPy和Pandas之间的关系。但是需要注意的是，应该把Seaborn视为Matplotlib的补充，而不是替代物。

安装Anaconda后，会默认安装Seaborn库，如果要单独安装Seaborn库，则可以通过pip install seaborn命令实现，前提是先安装pip包。

7.3.2　利润额增强箱形图

在Seaborn中，可以使用boxenplot()函数为大数据集绘制增强的箱形图，其也被称为letter value plot或catbox plot，可以显示更多的数据分布信息，包括中位数、四分位数、百分位数等，具体用法如下：

```
seaborn.boxenplot(x=None, y=None, hue=None, data=None,
```

```
order=None, hue_order=None, orient=None, color=None,
palette=None, saturation=0.75, width=0.8, dodge=True, k_
depth='proportion', linewidth=None, scale='exponential', outlier_
prop=None, ax=None, **kwargs)
```

线性回归图boxenplot()函数参数说明如表7-3所示。

表7-3　boxenplot()函数参数说明

参数	说明
x	输入变量x
y	输入变量y
hue	用来指定第二次分类的数据类别（用颜色区分）
data	要显示的数据
order	显式变量y分类顺序
hue_order	显式第二分类的顺序
orient	设置图的绘制方向，垂直（v）或水平（h）
color	颜色
palette	用于对数据不同分类进行颜色区别
saturation	饱和度
width	指定箱形图的宽度
dodge	指定是否对箱形图进行分组
k_depth	指定箱形图的深度，即显示多少个箱体。默认值是4，可以根据数据分布进行调整
linewidth	指定箱形图边缘线的宽度
scale	指定箱形图的缩放比例，可以是"linear"（线性）或"log"（对数）
outlier_prop	指定异常值的比例，即显示多少个异常值。默认值是0.007，可以根据数据分布进行调整
ax	绘制到指定轴对象，否则在当前轴对象上绘图

为了研究不同类型商品在不同年份的利润额分布情况，下面利用Seaborn绘制利润额的增强箱形图，具体代码如下：

```
#导入第三方包
import pymysql
```

```
import pandas as pd
import seaborn as sns
import matplotlib.pyplot as plt
from sqlalchemy import create_engine

#指定图片大小
plt.figure(figsize=[12,7])

#连接MySQL，读取订单表数据
conn = create_engine('mysql+pymysql://root:root@127.0.0.1:3306/
sales')
sql = "SELECT dt as 年份,category as 商品类别,month(order_date) as
月份,cast(profit as float) as 利润额 FROM orders order by dt asc"
df = pd.read_sql(sql,conn)

#设置显示中文字体
rc = {'font.sans-serif': 'SimHei',
      'axes.unicode_minus': False}
sns.set(context='notebook', style='whitegrid', rc=rc)

#设置x轴和y轴的标签大小
plt.xticks(fontsize=13)
plt.yticks(fontsize=13)

#给x轴和y轴加上标签
plt.xlabel("类别",size=16)
plt.ylabel("利润额",size=16)

#绘制增强箱形图
sns.boxenplot(x="商品类别", y="利润额", data=df,hue="年份
",palette="Set3")
plt.legend(loc = 'upper right')
plt.show()
```

　　在Jupyter Lab中运行上述代码，生成如图7-3所示的增强箱形图，从图中
可以看出，不同类型商品的利润额，在2020年、2021年和2022年的数据分布
差异不是很明显，但是不同类型商品之间的差异较大，尤其是办公类用品与其他
两类的差异明显。

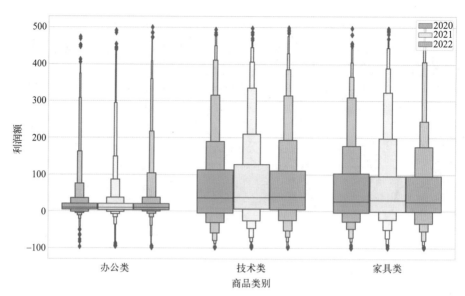

图 7-3　增强箱形图

7.4　Plotly

7.4.1　Plotly 库简介

Plotly是一款基于JavaScript的交互式数据可视化库，支持多种编程语言，包括Python、R、MATLAB等。Plotly的特点是交互性强、美观实用、可定制性强，可以帮助用户快速、直观地展示数据，并且支持在线共享和协作。

Plotly的主要功能如下。

·绘制各种图形：Plotly支持多种图形的绘制，包括线图、柱状图、散点图、热力图、轮廓图等。

·支持多种数据格式：Plotly支持多种数据格式，包括Python列表、NumPy数组、Pandas数据框等。

·支持交互式操作：Plotly支持鼠标悬停、缩放、拖拽等交互操作，用户可以更加灵活地探索数据。

·支持在线共享和协作：Plotly支持在线共享和协作，用户可以将图形上传到Plotly的网站上，并与其他用户共享和协作。

· 支持多种输出格式：Plotly支持多种输出格式，包括PNG、PDF、SVG等，用户可以根据自己的需求选择不同的输出格式。

Plotly可以用于在"在线"和"离线"模式下创建图形，在"在线"模式下，数字被上传到Plotly的Chart Studio服务的实例然后显示，而在"离线"模式下，图表在本地创建与呈现。通常，Plotly有两种常用的绘图接口。

第一种是面向对象的绘图接口plotly.graph_objs（简称go），也是最基础的绘图接口。

第二种是面向函数式的快速绘图接口plotly.express（简称px），是在go基础上封装的一种更方便的绘图接口。

7.4.2 家庭成员结构旭日图

旭日图可以展示多级数据，具有独特的外观，它是一种现代饼图，超越了传统的饼状图和环形图，能表达清晰的层级和归属关系，以父子层次结构来显示数据构成情况。

px.sunburst()是Plotly Express库中用于绘制旭日图（Sunburst Chart）的函数，可以用于可视化分层数据的结构，例如文件系统、组织结构等。旭日图是一种环形图，每个环代表数据的一层，每个扇形代表数据的一个子集。旭日图可以通过交互方式展示数据的结构，例如缩放、高亮等。sunburst()函数参数说明如表7-4所示。

表7-4　sunburst()函数参数说明

参数	说明
values	每个扇形的数值
path	每个扇形的路径
names	每个扇形的名称
color	每个扇形的颜色
hover_data	鼠标悬停时显示的数据
maxdepth	旭日图的最大深度
branchvalues	指定数值是每个分支的总和还是叶节点的值
labels	指定每个扇形的标签

此外，在Plotly库中，还需要一个用于更新图表布局的函数fig.update_layout()，它可以用于调整图表的大小、标题、轴标签等。update_layout()函数

163

参数说明如表7-5所示。

表7-5　update_layout()函数参数说明

参数	说明
title	图表的标题
xaxis_title	x轴的标签
yaxis_title	y轴的标签
width	图表的宽度
height	图表的高度
margin	图表的边距，可以设置上下左右的边距
legend	图例的位置和样式
font	字体的样式和大小
template	图表的主题模板

为了可视化我的家庭成员之间的层级关系，我们使用Plotly绘制了我的家庭成员结构旭日图，其中处于同一个环上的成员，家庭辈分一样，具体代码如下：

```
#导入第三方包
import plotly_express as px
import plotly.graph_objects as go


fig = go.Figure()

#图形数据
data = dict(
    character=["爷爷", "爸爸", "张叔叔", "哥哥张伟", "我", "表哥张政",
"表姐张意涵", "表妹张诗诗", "表侄张佳"],
    parent=["", "爷爷", "爷爷", "爸爸", "爸爸", "张叔叔", "张叔叔", "
张叔叔", "表姐张意涵"],
    #value对应上面的character
    value=[26, 14, 12,6,5,4,3,3,2])

#设置图形参数
fig =px.sunburst(
    data,
    names='character',
    parents='parent',
    values='value',
```

```
    branchvalues='total',
    color = 'value')

#更新图表布局
fig.update_layout(showlegend=True,font_size=20,paper_
bgcolor='white',plot_bgcolor='white',width=1000,height=600,margin
=dict(t=20,pad=5))
fig.show()
```

通过运行上面的代码，生成如图7-4所示的家庭成员结构旭日图。

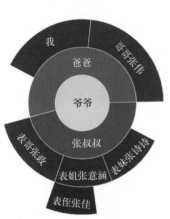

图7-4　家庭成员结构旭日图

7.5　Altair

7.5.1　Altair 库简介

Altair是Python的一个公认的统计可视化库。它的API简单、友好、一致，并建立在强大的Vega - Lite（交互式图形语法）之上。Altair API不包含实际的可视化呈现代码，而是按照Vega - Lite规范发出JSON数据结构。由此产生的数据可以在用户界面中呈现，这种优雅的简单性产生了漂亮且有效的可视化效果，且只需很少的代码。

Altair的主要功能如下。

· 支持多种常见的图表类型：Altair支持多种常见的图表类型，包括散点图、折线图、柱状图、箱形图、面积图、热力图、地图等。用户可以根据不同的数据类型和需求选择合适的图表类型。

· 支持多种数据格式：Altair支持多种数据格式，包括Pandas DataFrame、CSV、JSON等。用户可以根据自己的需求选择合适的数据格式，并使用Altair提供的接口轻松地加载和处理数据。

· 支持数据变换和聚合操作：Altair支持数据变换和聚合操作，如过滤、排序、分组、汇总等。用户可以根据自己的需求对数据进行处理，以生成符合要求的可视化图表。

· 支持交互式控件：Altair支持交互式控件，如滑块、下拉菜单、单选框等。用户可以通过这些控件与图表进行交互，实现数据的动态筛选、排序等操作，提高数据分析的效率和准确性。

· 支持Vega-Lite规范：Altair支持Vega-Lite规范，可以轻松地生成复杂的可视化图表。Vega-Lite是一种基于JSON的可视化语法，它提供了一种简单而强大的方式来描述数据可视化的规范和语法。

· 易于学习和使用：Altair的语法简单易学，用户可以快速上手，生成高质量的可视化图表。同时，Altair还提供了丰富的文档和示例，帮助用户更好地理解和使用该库。

总之，Altair是一个功能强大、易于学习和使用的可视化库，可以帮助用户快速生成高质量的可视化图表，提高数据分析的效率和准确性。

7.5.2　月度订单量脊线图

脊线图是部分重叠的线形图，用以在二维空间产生山脉的印象，其中每一行对应的是一个类别，而x轴对应的是数值的范围，波峰的高度代表出现的次数。

Altair中的脊线图是一种常用的多图表格布局，它将数据按照某个分类变量分组，并在每个小图表中绘制一个相同的图形，如折线图或箱形图，以便比较不同组之间的差异。Altair脊线图的参数说明如表7-6所示。

表7-6　Altair脊线图参数说明

参数	说明
alt.Chart()	是生成可视化图表的主要函数，它可以根据传入的数据和图表类型生成对应的图表对象，如散点图、线图、柱状图、面积图等

参数	说明
.properties	用于设置图表的属性，如标题、宽度、高度、背景色等。该方法通常用于美化图表，使其更加易读和美观
.transform_joinaggregate	用于对数据进行聚合计算，并将计算结果与原始数据进行合并。该方法通常用于在图表中展示汇总信息，如总计、平均值等
.transform_bin	用于将连续型数据进行分组，并将分组结果保存为新的字段。该方法通常用于对数据进行离散化处理，以便更好地进行可视化
.transform_aggregate	用于对数据进行聚合操作，并将聚合结果保存为新的数据集。该方法通常用于计算统计量，如平均值、总和、标准差等
.transform_impute	用于对缺失值进行插补操作，以便更好地进行可视化。该方法通常用于处理数据中的缺失值，以便在可视化过程中不会出现空白区域
.mark_area	用于绘制面积图，以便更好地展示数据的趋势和变化。面积图通常用于显示时间序列数据的变化，或者用于比较多个数据序列的趋势
.encode	用于将数据字段映射到可视化元素，以便更好地展示数据。该方法通常用于将数据映射到图表的 x 轴、y 轴、颜色、大小等可视化元素上
.facet	用于将数据按照某个字段进行分组，并在多个子图中展示每个分组的数据。该方法通常用于展示数据的分布情况，或者比较不同分组的数据趋势
.configure_facet	用于配置 .facet 方法生成的图表的样式和布局。该方法通常用于调整子图之间的间距、边框、标签等样式
.configure_view	用于配置可视化图表的视图属性，包括背景颜色、宽度、高度、填充等。该方法通常用于调整图表的外观和布局
.configure_title	用于配置图表的标题属性，包括字体、大小、颜色等。该方法通常用于调整图表标题的样式和位置
.configure_axis	用于配置图表的坐标轴属性，包括标签、标题、刻度、网格线等。该方法通常用于调整坐标轴的样式和位置

订单量分析可以帮助企业更好地了解商品销售情况和市场需求，制定更加精准的销售策略和生产计划，提高商品的市场竞争力和盈利能力，通常是通过时间序列图或柱状图，观察商品每个月的订单量变化趋势，下面通过脊线图的方式进行可视化分析，具体代码如下：

```python
#导入第三包
import pandas as pd
import altair as alt

#连接订单数据
source = pd.read_csv('order_days.csv')

#配置图形参数
```

```
step = 25
overlap = 1

#绘制脊线图
alt.Chart(source, height=step).transform_
timeunit(Month='month(date)'
).properties(width=500, height=35
).transform_joinaggregate(mean_temp='mean(orders)',
groupby=['Month']
).transform_bin(['bin_max', 'bin_min'], 'orders'
).transform_aggregate(value='count()',groupby=['Month','mean_
temp','bin_min','bin_max']
).transform_impute(impute='value',groupby=['Month','mean_
temp'],key='bin_min',value=0
).mark_area(interpolate='monotone',fillOpacity=0.8,stroke='lightg
ray',strokeWidth=0.3
).encode(
    alt.X('bin_min:Q',bin='binned',title='订单量'),
    alt.Y('value:Q',scale=alt.Scale(range=[step, -step *
overlap]),axis=None),
    alt.Fill('mean_temp:Q',legend=None,scale=alt.
Scale(domain=[40, 4],scheme='redyellowblue')
    )
).facet(
    row=alt.Row('Month:T',title=None,header=
alt.Header(labelAngle=0, labelAlign='right',
format='%B',labelFontSize=15)
    )
).properties(title='订单量分析',bounds='flush'
).configure_facet(spacing=0
).configure_view(stroke=None
).configure_title(anchor='end'
).configure_axis(
    labelFontSize=15,
    titleFontSize=15
)
```

通过运行上面的代码，生成如图7-5所示的商品月度订单量的脊线图，从图形可以看出，每个月的订单数量基本都在10～20之间。

168

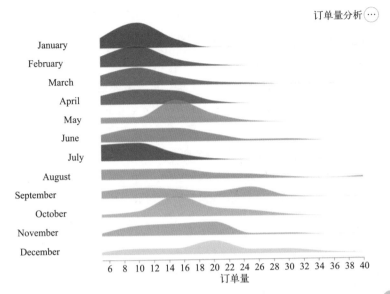

图 7-5　月度订单量脊线图

7.6　NetworkX

7.6.1　NetworkX 简介

NetworkX 是一个用于创建、操作和研究复杂网络的 Python 库。它提供了一种灵活的数据结构来表示各种类型的网络，并提供了一系列的算法和可视化工具来分析和可视化网络。NetworkX 的特点是易于使用、功能强大、可扩展性强，可以帮助用户快速、直观地分析和可视化复杂网络。

NetworkX 的主要功能如下。

• 创建和操作各种类型的网络：NetworkX 支持创建和操作多种类型的网络，包括有向图、无向图、加权图、多重图等。

• 提供多种算法：NetworkX 提供了多种算法，包括图形算法、中心性算法、聚类算法、路径算法等，可以帮助用户分析网络的结构和特征。

• 可视化工具：NetworkX 提供了多种可视化工具，包括基于 Matplotlib 的绘图、基于 Graphviz 的可视化、基于 D3.js 的交互式可视化等，可以帮助用户直观地展示网络的结构和特征。

• 支持多种数据格式：NetworkX 支持多种数据格式，包括 Python 列表、

169

NumPy数组、Pandas数据框等。

·可扩展性强：NetworkX的数据结构和算法都是基于Python的类和函数实现的，用户可以自定义数据结构和算法，扩展库的功能。

NetworkX的主要缺点是在处理大规模网络时可能会出现性能问题，因为它是基于Python实现的，而Python在处理大规模数据时可能会比较慢。此外，NetworkX的可视化工具相对比较基础，对于一些高级的可视化需求可能不太适用。

对于已经装了pip的环境，安装第三方模块很简单，只需要输入pip install networkx即可。在NetworkX中，顶点可以是任何可以哈希的对象，比如文本、图片、XML对象、其他的图对象、任意定制的节点对象等。NetworkX绘图参数说明如表7-7所示。

表7-7　NetworkX绘图参数说明

属性	说明
node_size	指定节点的尺寸大小(默认是300，单位未知)
node_color	指定节点的颜色(默认是红色，可以用字符串简单标识颜色)
node_shape	节点的形状（默认是圆形，用字符串'o'标识，具体可查看NetworkX使用手册）
alpha	透明度(默认是1.0，不透明，0为完全透明)
width	边的宽度(默认为1.0)
edge_color	边的颜色(默认为黑色)
style	边的样式(默认为实线，可选：solid|dashed|dotted,dashdot)
with_labels	节点是否带标签（默认为True）
font_size	节点标签字体大小(默认为12)
font_color	节点标签字体颜色（默认为黑色）
node_size	指定节点的尺寸大小（默认是300，单位未知）

7.6.2　NetworkX 绘制平衡树

平衡树（Balanced Tree）是一种特殊的二叉搜索树，它通过旋转操作来保持树的平衡，从而保证了树的高度始终保持在O(log n)级别，平衡树通常用于需要高效地插入、删除、查找元素的场景，如数据库索引、哈希表等。

平衡树在计算机科学中有广泛的应用，在网络分析中，平衡树可以用于构建最小生成树、最短路径树等。balanced_tree()函数可以帮助用户快速创建平衡树，方便进行相关的研究和分析。

balanced_tree()是NetworkX中的一个函数，用于创建一棵平衡树。平衡树是一种特殊的二叉搜索树，它的左子树和右子树的高度差不超过1，可以保证

170

在最坏情况下的查找、插入和删除操作的时间复杂度都是O(log n)。

nx.balanced_tree(n, h)是一个用于创建n个节点、高度为h的平衡树的函数。它返回一个NetworkX的图形对象，表示这棵平衡树。这个函数会自动给节点分配编号，从0到n−1。

例如，使用NetworkX包创建了一棵高度为5、每个节点有3个分支的平衡树，共有121个节点，分别从0到120编号，具体代码如下：

```python
#导入第三方包
import pydot
import networkx as nx
import matplotlib.pyplot as plt
from networkx.drawing.nx_pydot import graphviz_layout


G = nx.balanced_tree(3,5)

#设置环形布置
pos = nx.spring_layout(G)
plt.figure(figsize=(8,8))
nx.draw(G,pos,node_size=20,alpha=0.5,node_color="blue",with_
labels=False)
plt.axis('equal')
plt.show()
```

在Jupyter Lab中运行上述代码，生成如图7-6所示的平衡树。

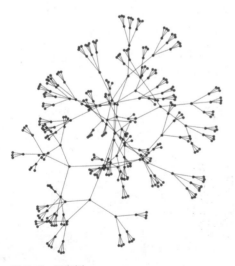

图7-6　平衡树

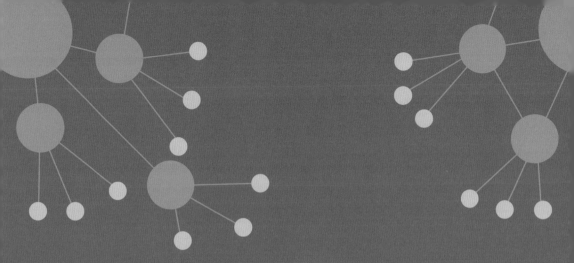

8

Python 机器学习

机器学习（machine learning，ML）是人工智能领域的重点研究方向之一，在很多领域得到了广泛的应用，全面且深刻地认识 ML 显得十分必要。我们身处计算机网络时代，数据传播速度加快，信息量增大。在这种趋势的引导下，大数据成了当今研究的热门主题。而正是由于机器拥有强大的运算大数据能力，所以机器学习成为分析大数据、挖掘潜在规律的主要方式。目前，机器学习已在无人驾驶、智能机器人、专家系统等各个领域产生了广泛的应用。

扫码观看本章视频

8.1 机器学习理论概述

8.1.1 机器学习概念

 **（1）特征（feature）**

一般在机器学习中，我们常说的特征是一种对数据的表达，它应该富有信息量、容易区分、具有独立性等。对于我们采集到的数据，很多情况下可能不知道怎样去提取特征，或者我们需要去提取大量的特征来做分析。

例如，医生想通过分析脑电波图来查看病人是否患有癫痫，如果病人的癫痫发作，那么他的脑电波会出现一些不同寻常的变化，这些变化就称为放电，这个放电就是癫痫病人的特征，在脑电波图中有正常和放电的脑电波。

特征提取器把样本映射到固定长度的数据（如数组、列表、元组，以及只包含数值的pandas.DataFrame和pandas.Series对象），提供fit()、transform()和get_feature_names()等方法。

（2）训练集与测试集

训练集：在已知数据中选取的用来模拟曲线的数据。

测试集：在已知数据中用来测试模拟曲线精确度的数据。

为了检验模拟曲线的精确度，在实际操作过程中，我们经常按照一定的比例（如8∶2,7∶3）把获得的数据划分为训练集和测试集。

这样做的原理是，当我们拟合模型时需要完全依靠训练集里的数据完成拟合。尽管对训练集数据来说，该模型是比较精确无误的，但我们并不能保证当它应用在其他数据时，还保持着较高贴合度。所以需要用测试集来验证模型的精确度。

显然，将一部分数据固定分为训练集，另一部分为测试集，仅验证一次也有可能会出现模型精确度有偏差的情况。

（3）欠拟合与过拟合

拟合泛指一类数据处理的方式，包括回归等。例如对于平面上若干已知点，拟合是构造一条光滑曲线，使得该曲线与这些点的分布最接近，曲线在整体上靠近这些点，使得误差最小。

回归一般是先提前假设曲线的形状，然后计算回归系数使得某种意义下误差最小。在Scikit-Learn库中，fit()方法用来根据给定的数据对模型进行训练和拟合。

在机器学习得出训练模型时，我们经常会遇到两种结果，一种是欠拟合，一种是过拟合。

① 欠拟合原因及其解决策略。欠拟合是指在训练数据和预测结果时，模型精确度均不高的情况。拟合曲线未经过大部分数据且偏离较大，与数据匹配度较低，这直接导致在测试时表现不佳。

产生原因：模型未能准确地学习到数据的主要特征。

解决策略：可以尝试对算法进行适当的调整，如使算法复杂化（例如在线性模型中添加二次项、三次项等）来解决欠拟合问题。

② 过拟合原因及其解决策略。顾名思义，过拟合指的是模型出现拟合过度的情况。过拟合表现为模型在训练数据中表现良好，在预测时却表现较差。

产生原因：这是源于该模型过度学习训练集中数据的细节，而这种随机波动并不适用于新数据，即模型缺乏普适性，所以模型在预测时表现较差。

解决策略：可以通过扩大训练集数据容量的手段，降低噪声对模型的干扰，以达到使模型学习到更多数据关键特征的目的。

（4）评估器（estimator）

评估器是表示一个模型以及这个模型被训练和评估的方式，例如分类器、回归器、聚类器。

分类器（classifier）：对于特定的输入样本，分类器总能给出有限离散值中的一个作为结果，通常继承sklearn.base包下的分类器的混合类（ClassifierMixin）。

回归器（regressor）：处理连续输出值的有监督预测器，支持fit()、predict()和score()方法，回归器通常继承sklearn.base包下的回归器的混合类（RegressorMixin）。

聚类器（clusterer）：属于无监督式学习算法，具有有限个离散的输出结果，聚类器提供的方法有fit()方法，通常继承sklearn.base包下的聚类器的混合类（ClusterMixin）。

（5）交叉验证（cross validation）

在使用机器学习算法时，往往会使用sklearn.model_selection模块中的train_test_split()函数将数据集划分为训练集和测试集，使用模型的fit()方法在

174

训练集上进行训练，然后再使用模型的score()方法在测试集上进行评分。

使用上述方法对模型进行评估，容易因为数据集划分不合理而影响评分结果，从而导致单次评分结果可信度不高。这时可以使用不同的划分评估几次，然后计算所有评分的平均值。

交叉验证正是用来实现这个需求的技术，该技术会反复对数据集进行划分，并使用不同的划分对模型进行评分，可以更好地评估模型的泛化质量。

⭕ （6）机器学习编码

机器学习模型只能处理数值型数据，但是在结构化数据训练时，类别特征是一个非常常见的变量类型。机器学习有多种类别变量编码方式，各种编码方法都有自己的应用场景和特点。在Python中，有多种方法可以对类别变量进行编码，下面将介绍一些常用编码方法。

第一种方法是Label Encoding，它将每个类别映射到一个整数。例如，对于一个二分类问题，我们可以将正类编码为1，负类编码为0。在Python中，可以使用sklearn.preprocessing中的LabelEncoder类来实现Label Encoding。

第二种方法是One-Hot Encoding，它将每个类别转换为一个二元向量。例如，对于一个三分类问题，我们可以将类别A编码为(1,0,0)，类别B编码为(0,1,0)，类别C编码为(0,0,1)。在Python中，可以使用sklearn.preprocessing中的OneHotEncoder类来实现One-Hot Encoding。

第三种方法是Binary Encoding，它将每个类别转换为一个二进制码。例如，对于一个四分类问题，我们可以将类别A编码为(0,0,0)，类别B编码为(0,0,1)，类别C编码为(0,1,0)，类别D编码为(0,1,1)。在Python中，可以使用category_encoders库中的BinaryEncoder类来实现Binary Encoding。

第四种方法是Target Encoding，它是用目标变量的类别变量来给类别特征编排。CatBoost中就大量使用目标变量统计的方法来对类别特征编码。对于目标的标签信息泄露的情况，主流方法是使用两层的干扰验证来计算目标均值。

第五种方法是Frequency Encoding，它是一种利用类别的频率作为标签的方法。在频率与目标变量有些相关的情况下，可以帮助模型根据数据的性质以正比例和反比例理解和分配权重。

总之，每种编码方法都有其优缺点，需要根据具体问题选择合适的方法。类别变量的编码是机器学习中的一个重要问题，熟练掌握编码方法可以提高模型的准确性和泛化能力。

8.1.2　机器学习分类

机器学习的核心是机器使用算法分析海量数据，通过学习数据，挖掘数据中存在的潜在联系，并训练出一个有效的模型，将其应用于决定或预测。机器学习可以分为以下几种类型。

（1）监督学习

监督学习（supervised learning，SL）向学习算法提供有标记的数据和所需的输出，对每一次输入，学习者均被提供了一个回应目标。在监督学习中，训练集中的样本都有标签，使用这些有标签样本进行调整建模，使模型产生推断功能，能够正确映射出新的未知数据，从而获得新的知识或技能。根据标签类型进行划分，可将监督学习分为分类和回归两种问题。分类问题预测的是样本类别（离散的），而回归问题预测的是样本对应的实数输出（连续的）。分类问题常见的典型算法有：决策树、支持向量机（SVM）、朴素贝叶斯、随机森林等。

（2）无监督学习

无监督学习（unsupervised learning，UL）提供的数据都是未标记的，主要是通过建立一个模型，解释输入的数据，再应用于下一次输入。现实中，数据集大都是无标记样本的，很少有标记的。若直接不予使用，很可能会降低模型的精度。但可通过结合有标记的样本，把无标记的样本变为有标记的样本，因此UL比SL应用起来更有难度。UL主要适用于聚类、降维等问题，常见的代表算法有：聚类算法（K均值等）和降维算法（主成分分析等）。

（3）半监督学习

半监督学习（semi-supervised learning,SSL）是UL和SL相结合的一种学习方法。SSL用少量标记和大量未标记的数据来执行有监督或无监督的学习任务。SSL最早可追溯到1985年的自训练学习。1992年Merz第一次使用"半监督"一词。1994年Shah等指出了使用未标记样本有助于缓解小样本下的"Hughes"现象，确立了SSL的价值和地位。

（4）深度学习

深度学习（deep learning，DL）的训练样本是有标签的，深度学习试图使用复杂结构或由多重非线性变换构成的多个处理层对数据进行高层抽象。1990年卷积神经网络（convolutional neural networks，CNN）开始被用于手写识别。2006年深度置信网络（deep belief network，DBN）发表。目前，深度学习在入侵检测、图像识别、语言处理和识别等方面取得了良好的成效，解决了很多复杂的模式识别难题，极大地推动了人工智能技术的发展。

● （5）强化学习

强化学习（reinforcement learning，RL）的训练和UL同样都是使用未标记的训练集，其核心是描述并解决智能体在与环境交互的过程中学习策略以最大化回报或实现特定目标的问题。RL背后的数学原理与SL或UL略有差异，SL或UL主要应用的是统计学，RL则更多地使用了随机过程、离散数学等方法。常见的RL代表算法有：Q-学习算法、瞬时差分法、自适应启发评价算法等。1989年Watk在博士论文中最早提出Q-学习算法。2013年Mnih等人提出的结合DL的Q-学习方法被称为深度Q-学习算法。

● （6）迁移学习

迁移学习（transfer learning，TL）指的是根据任务间的相似性，将在辅助领域之前所学的知识用于相似却不相同的目标领域中来进行学习，有效地提高新任务的学习效率。迁移学习可分为基于样本、基于参数、基于特征表示和基于关系知识的四类迁移方式。Lori最早在机器学习中引用"迁移"一词。

8.1.3　模型评估方法

● （1）混淆矩阵

混淆矩阵是用于评估分类模型性能的一种方法，它是一个二维矩阵，用于比较模型预测的类别和实际类别之间的差异。混淆矩阵是机器学习中统计分类模型预测结果的表，它以矩阵形式将数据集中的记录按照真实的类别与分类模型预测的类别进行汇总，其中矩阵的行表示真实值，矩阵的列表示模型的预测值。

在机器学习中，正样本就是使模型得出正确结论的例子，负样本是模型得出错误结论的例子。比如：要从一张猫和狗的图片中检测出狗，那么狗就是正样本，猫就是负样本；反过来如果想从中检测出猫，那么猫就是正样本，狗就是负样本。

下面我们举个例子，建立一个二分类的混淆矩阵。假如宠物店有10只动物，

177

其中6只狗，4只猫，现在有一个分类器将这10只动物进行分类，分类结果为5只狗，5只猫，那么我们画出分类结果的混淆矩阵，如表8-1所示（把狗作为正类）。

表8-1　混淆矩阵

混淆矩阵		预测值	
		正（狗）	负（猫）
真实值	正（狗）	5	1
	负（猫）	0	4

通过混淆矩阵我们可以计算出真实狗的数量（行相加）为6（5+1），真实猫的数量为4（0+4）；预测值分类得到狗的数量（列相加）为5（5+0），分类得到猫的数量为5（1+4）。

混淆矩阵的4个单元格分别表示：

· *True Positive*（*TP*）：预测为正类，且实际为正类的数量。

· *False Positive*（*FP*）：预测为正类，但实际为负类的数量。

· *False Negative*（*FN*）：预测为负类，但实际为正类的数量。

· *True Negative*（*TN*）：预测为负类，且实际为负类的数量。

同时，我们不难发现，对于二分类问题，矩阵中的4个元素刚好表示*TP*、*TN*、*FP*、*TN*这4个指标，如表8-2所示。

表8-2　混淆矩阵（以*TP*、*FP*、*FN*、*TN*表示）

混淆矩阵		预测值	
		正（狗）	负（猫）
真实值	正（狗）	*TP*	*FN*
	负（猫）	*FP*	*TN*

（2）ROC 曲线

ROC 曲线全称是"受试者工作特征"，通常用来衡量一个二分类学习器的好坏。如果一个学习器的ROC曲线能将另一个学习器的ROC曲线完全包括，则说明该学习器的性能优于另一个学习器。ROC曲线有个很好的特性：当测试集中的正负样本的分布变化的时候，ROC曲线能够保持不变。

ROC曲线的横轴表示的是*FPR*，即错误地预测为正例的概率；纵轴表示的是*TPR*，即正确地预测为正例的概率。二者的计算公式如下：

$$FPR = \frac{FP}{FP+TN} \qquad TPR = \frac{TP}{TP+FN}$$

（3）*AUC*

AUC 是一个数值，是 ROC 曲线与坐标轴围成的面积。很明显地，*TPR* 越大、*FPR* 越小，ROC 曲线就越靠近左上角，表明模型效果越好，*AUC* 值越大，极端情况下其值为 1。由于 ROC 曲线一般都处于 $y=x$ 直线的上方，所以 *AUC* 的取值范围一般在 0.5 ~ 1 之间。

使用 *AUC* 值作为评价标准是因为很多时候 ROC 曲线并不能清晰地说明哪个分类器的效果更好，而作为一个数值，对应 *AUC* 更大的分类器效果更好。与 *F1-score* 不同的是，*AUC* 值并不需要先设定一个阈值。

当然，*AUC* 值越大，当前的分类算法越有可能将正样本排在负样本前面，即能够更好地分类，可以从 *AUC* 判断分类器（预测模型）优劣的标准。

· *AUC* = 1，是完美分类器，采用这个预测模型时，存在至少一个阈值能得出完美预测。绝大多数预测的场合，不存在完美分类器。

· 0.5 < *AUC* < 1，优于随机猜测。这个分类器（模型）妥善设定阈值的话，能有预测价值。

· *AUC* = 0.5，跟随机猜测一样，模型没有预测价值。

· *AUC* < 0.5，比随机猜测还差。

（4）*R* 平方

判定系数 *R* 平方，又叫决定系数，是指在线性回归中，回归可解释离差平方和与总离差平方和之比值，其数值等于相关系数 *R* 的平方。判定系数是一个解释性系数，在回归分析中，其主要作用是评估回归模型对因变量 y 产生变化的解释程度，即判定系数 *R* 平方是评估回归模型好坏的指标。

R 平方取值范围也为 0~1，通常以百分数表示。比如回归模型的 *R* 平方等于 0.7，那么表示此回归模型对预测结果的可解释程度为 70%。

一般认为，*R* 平方大于 0.75，表示模型拟合度很好，可解释程度较高；*R* 平方小于 0.5，表示模型拟合有问题，不宜进行回归分析。

多元回归实际应用中，判定系数 *R* 平方的最大缺陷是：增加自变量的个数时，判定系数就会增加，即随着自变量的增多，*R* 平方会越来越大，会显得回归模型精度很高，有较好的拟合效果。而实际上可能并非如此，有些自变量与因变量完全不相关，增加这些自变量，并不会提升拟合水平和预测精度。

为解决这个问题，即避免增加自变量而高估 *R* 平方，需要对 *R* 平方进行调整。采用的方法是用样本量n和自变量的个数k去调整R平方，调整后的R平方的计算公式如下：

$$1-(1-R^2)\frac{(n-1)}{(n-k-1)}$$

从公式可以看出，调整后的R平方同时考虑了样本量（n）和回归中自变量的个数（k）的影响，这使得调整后的R平方永远小于未调整的R平方，并且调整R平方的值不会由于回归中自变量个数的增加而越来越接近1。

因调整后的R平方较未调整的R平方测算更准确，在回归分析尤其是多元回归中，我们通常使用调整后的R平方对回归模型进行精度测算，以评估回归模型的拟合度和效果。

一般认为，在回归分析中，0.5为调整后的R平方的临界值，如果调整后的R平方小于0.5，则要分析我们所采用和未采用的自变量。如果调整后的R平方与未调整的R平方存在明显差异，则意味着所用的自变量不能很好地测算因变量的变化，或者是遗漏了一些可用的自变量。如果调整后的R平方与原来R平方之间的差距越大，那么模型的拟合效果就越差。

⚫ （5）残差

残差在数理统计中是指实际观察值与估计值（拟合值）之间的差，它蕴含了有关模型基本假设的重要信息。如果回归模型正确的话，我们可以将残差看作是误差的观测值。

通常，回归算法的残差评价指标有均方误差（MSE）、均方根误差（$RMSE$）、平均绝对误差（MAE）等3个。

① 均方误差（mean squared error, MSE），表示预测值和观测值之间差异（残差平方）的平均值，公式如下：

$$MSE = \frac{1}{m}\sum_{i=1}^{m}(y_i - \hat{y_i})^2$$

即：真实值减去预测值，然后平方再求和，最后求平均值。这个公式其实就是线性回归的损失函数，在线性回归中我们的目的就是让这个损失函数的数值最小。

② 均方根误差（root mean squard error, RMSE），表示预测值和观测值之间差异（残差）的样本标准差，公式如下：

$$RMSE = \sqrt{MSE}$$

即：均方误差（MSE）的平方根。均方根误差是有单位的，与样本数据的单位一样。

180

③ 平均绝对误差（mean absolute error, MAE），它表示预测值和观测值之间绝对误差的平均值，公式如下：

$$MAE = \frac{1}{m} \sum_{i=1}^{m} |y_i - \hat{y}_i|$$

MAE是一种线性分数，所有个体差异在平均值上的权重都相等，而RMSE相比MAE，会对高的差异惩罚更多。

8.2　线性回归及其案例

8.2.1　线性回归简介

线性回归是统计学中最常见的一种回归分析方法，它是一种用于建立自变量与因变量之间线性关系的模型。在实际应用中，线性回归经常被用于预测和分析数据，例如股票价格、销售量、人口增长等。

线性回归是一种用于建立自变量与因变量之间线性关系的模型。在线性回归中，自变量通常被称为"解释变量"，因变量通常被称为"响应变量"，也称"目标变量"。简单线性回归是指只有一个自变量和一个因变量的回归模型，多元线性回归是指有多个自变量和一个因变量的回归模型。

线性回归广泛应用于各个领域，例如经济学、金融学、社会学、医学和工程学等。在经济学中，线性回归被用于预测股票价格、通货膨胀率和GDP增长率等。在医学中，线性回归被用于研究药物对疾病的治疗效果。在工程学中，线性回归被用于预测机器的寿命和故障率。

线性回归的优点是简单易用，计算速度快，对于线性关系的数据拟合效果较好。然而，线性回归也有一些缺点。首先，线性回归只能处理线性关系的数据，对于非线性关系的数据拟合效果较差。其次，线性回归对异常值很敏感，异常值会对回归系数产生很大的影响。最后，线性回归假设误差项服从正态分布，如果误差项不服从正态分布，则会影响回归结果的准确性。

8.2.2　线性回归的建模

线性回归是利用回归方程（函数）对一个或多个自变量（特征值）和因变量

（目标值）之间的关系进行建模的一种分析方式。线性回归中常见的就是房屋面积和房价的预测问题。只有一个自变量的情况称为一元回归，大于一个自变量情况的称为多元回归，多元线性回归模型是日常工作中应用频繁的模型，公式如下：

$$y = \beta_0 + \beta_1 x_1 + \beta_2 x_2 + \cdots + \beta_k x_k + \varepsilon$$

式中，x_1，$\cdots$，x_k是自变量；y是因变量；β_0是截距；β_1，$\cdots$，β_k是变量回归系数；ε是误差项的随机变量。

对于误差项有如下几个假设条件：

· 误差项 ε 是一个期望为0的随机变量。

· 对于自变量的所有值，ε 的方差都相同。

· 误差项 ε 是一个服从正态分布的随机变量，且相互独立。

如果想让我们的预测值尽量准确，就必须让真实值与预测值的差值最小，即让误差平方和最小，用公式来表达如下，具体推导过程可参考相关的资料。

$$J(\beta) = \sum (y - X\beta)^2$$

损失函数只是一种策略，有了策略，我们还要用适合的算法进行求解。在线性回归模型中，求解损失函数就是求与自变量相对应的各个回归系数和截距。有了这些参数，我们才能实现模型的预测（输入x，输出y）。

对于误差平方和损失函数的求解方法有很多，典型的如最小二乘法、梯度下降等。因此，通过以上的异同点，总结如下。

最小二乘法的特点：

· 得到的是全局最优解，因为一步到位，直接求极值，所以步骤简单。

· 线性回归的模型假设，这是最小二乘方法的优越性前提，否则不能推出最小二乘是最佳（方差最小）的无偏估计。

梯度下降法的特点：

· 得到的是局部最优解，因为是一步一步迭代的，而非直接求得极值。

· 既可以用于线性模型，又可以用于非线性模型，没有特殊的限制和假设条件。

在回归分析过程中，还需要进行线性回归诊断，回归诊断是对回归分析中的假设以及数据的检验与分析，主要的衡量值是判定系数和估计标准误差。

⦿ （1）判定系数

回归直线与各观测点的接近程度称为回归直线对数据的拟合优度。而评判直线拟合优度需要一些指标，其中一个就是判定系数。

我们知道，因变量y值有来自两个方面的影响：

· 来自x值的影响，也就是我们预测的主要依据。

· 来自无法预测的干扰项ε的影响。

如果一个回归直线预测非常准确，它就需要让来自x的影响尽可能大，而让来自无法预测干扰项的影响尽可能小，也就是说x影响占比越高，预测效果就越好。下面我们来看如何定义这些影响，并形成指标。

$$SST = \sum (y_i - \bar{y})^2$$
$$SSR = \sum (\hat{y_i} - \bar{y})^2$$
$$SSE = \sum (y_i - \hat{y})^2$$

SST（总平方和）：误差的总平方和。

SSR（回归平方和）：由x与y之间的线性关系引起的y变化，反映了回归值的分散程度。

SSE（残差平方和）：除x影响之外的其他因素引起的y变化，反映了观测值偏离回归直线的程度。

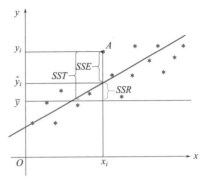

图 8-1　线性回归

总平方和、回归平方和、残差平方和三者之间的关系如图8-1所示。

它们之间的关系是：SSR越高，则代表回归预测越准确，观测点越靠近直线，即判定系数越大，直线拟合越好。因此，判定系数的定义就自然地引出来了，我们一般称为R^2。

$$R^2 = \frac{SSR}{SST} = 1 - \frac{SSE}{SST}$$

（2）估计标准误差

判定系数R^2的意义是由x引起的影响占总影响的比例来判断拟合程度的。当然，我们也可以从误差的角度去评估，也就是用残差SSE进行判断。估计标准误差是均方残差的平方根，可以度量实际观测点在直线周围散布的情况。

$$S_\varepsilon = \sqrt{\frac{SSE}{n-2}} = \sqrt{MSE}$$

估计标准误差与判定系数相反，S_ε反映了预测值与真实值之间误差的大小。误差越小，就说明拟合度越高；相反，误差越大，就说明拟合度越低。

8.2.3 汽车价格的预测

某汽车销售商销售的不同类型汽车的数据集，包括汽车的制造商、燃料类型、发动机的位置和类型等19个参数，如表8-3所示。

表8-3 汽车数据集

字段名	含义
id	编号
make	制造商
fuel-type	燃料类型
num-of-doors	门数
body-style	车身样式
drive-wheels	驱动轮
engine-location	发动机位置
wheel-base	轴距
length	长度
width	宽度
height	高度
weight	重量
engine-type	发动机类型
num-of-cylinders	气缸数
engine-size	引擎大小
fuel-system	燃油系统
horsepower	马力
peak-rpm	峰值转速
price	价格

下面通过汽车的马力（horsepower）、宽度（width）、高度（height）来预测汽车的价格（price）。首先导入汽车数据集并查看数据维数，代码如下：

```
#导入相关库
import numpy as np
import pandas as pd
from sklearn.model_selection import train_test_split
from sklearn.linear_model import LinearRegression

#获取数据
auto = pd.read_csv(r"D:\Python数据分析从小白到高手\ch08\auto.csv",
header=None)
```

184

```
#设置数据列标签
auto.columns =['id','make','fuel-type','num-of-doors','body-
style','drive-wheels','engine-location','wheel-base','l
ength','width','height','weight','engine-type','num-of-
cylinders','engine-size','fuel-system','horsepower','peak-
rpm','price']
print('数据维数:{}'.format(auto.shape))
```

运行上述代码，输出如下：

数据维数:(205，19)

由于我们这里使用马力（horsepower）、宽度（width）、高度（height）来预测汽车的价格（price），因此只需要保留price、horsepower、width和height这4个变量，其他变量可以丢弃，代码如下：

```
auto = auto[['price','horsepower','width','height']]
```

在数据建模之前，首先需要分析数据的缺失值情况，逐列统计数据缺失情况，代码如下：

```
for col in auto.columns:
    print(f'{col}:{len(auto[auto[col].isnull()])/len(auto)}')
```

输出如下所示：

```
price:0.0
horsepower:0.0
width:0.0
height:0.0
```

可以看出数据没有缺失值，但是由分析可知，数据集中有'？'等异常数据，它表示不知道具体的信息，我们这里使用直接删除的方式处理缺失值，输入如下：

```
auto = auto.replace('?', np.nan).dropna()
print('数据维数:{}'.format(auto.shape))
```

输出如下所示。

数据维数:(199，4)

汽车数据集清洗后的数据只有199行4列，说明异常数据只有6条，直接删除是可行的，下面查看新数据集的代码输入如下：

185

```
print(auto)
```

输出如下所示。

```
     price    horsepower   width    height
0    13495    111          64.1     48.8
1    16500    111          64.1     48.8
2    16500    154          65.5     52.4
3    13950    102          66.2     54.3
4    17450    115          66.4     54.3
...  ...      ...          ...      ...
200  16845    114          68.9     55.5
201  19045    160          68.8     55.5
202  21485    134          68.9     55.5
203  22470    106          68.9     55.5
204  22625    114          68.9     55.5
199 rows × 4 columns
```

接下来查看数据的数据类型，输入如下：

```
print('数据类型\n{}\n'.format(auto.dtypes))
```

输出如下所示：

```
数据类型
price           object
horsepower      object
width           float64
height          float64
dtype: object
```

可以看出price和horsepower是对象类型（object），不能直接进行回归分析，因此需要修改数据的类型，代码如下：

```
auto = auto.assign(price=pd.to_numeric(auto.price))
auto = auto.assign(horsepower=pd.to_numeric(auto.horsepower))
print('类型转换\n{}'.format(auto.dtypes))
```

输出如下所示，可以看出price和horsepower已经修改为整型（int）。

```
类型转换
price           int64
horsepower      int64
width           float64
```

186

```
height             float64
dtype: object
```

下面对price、horsepower、width和height四个变量进行相关性分析，代码如下：

```
auto.corr()
```

相关系数矩阵输出如下所示。

	price	horsepower	width	height
price	1.000000	0.810533	0.753871	0.134990
horsepower	0.810533	1.000000	0.615315	-0.087407
width	0.753871	0.615315	1.000000	0.309223
height	0.134990	-0.087407	0.309223	1.000000

从相关系数矩阵可以看出，price与height基本没有相关性，与horsepower、width变量之间存在高度的相关性，为了深入了解price与horsepower、width的关系，下面对汽车的价格进行多元线性回归分析。

首先调整变量个数，只需要保留变量price、horsepower、width，代码如下：

```
auto = auto[['price','horsepower','width']]
auto = auto.replace('?', np.nan).dropna()
```

为目标变量指定price，为解释变量指定其他，包括horsepower、width，代码如下：

```
X = auto.drop('price', axis=1)
y = auto['price']
```

通常情况下，建议将数据集分为训练集和测试集，比例为7：3或者8：2。也就是说，将70%或80%的数据用于训练模型，剩余的30%或20%的数据用于评估模型的性能。当然，具体的比例需要根据数据集的大小和特点进行调整。这里将数据集分为训练数据和测试数据，比例为7：3，代码如下：

```
X_train, X_test, y_train, y_test = train_test_split(X, y, test_
size=0.3, random_state=0)
```

LinearRegression()是一种用于回归分析的机器学习算法。它是一种线性模型，用于预测一个连续值的输出，基于一个或多个输入的特征。其核心思想是找到一条最佳的直线，以最小化实际值与预测值之间的误差。该算法是一种广泛使用的算法，用于解决各种问题，如房价预测、销售预测、股票价格预测等。

在Scikit-Learn库中，LinearRegression()是一个实现了最小二乘法的线

187

性回归模型，其主要参数说明如表8-4所示。

表8-4　LinearRegression()模型参数说明

参数	说明
fit_intercept	默认为True，表示是否计算截距
normalize	默认为False，表示是否对数据进行标准化
copy_X	默认为True，表示是否将数据复制一份
n_jobs	默认为None，表示并行计算的数量
positive	默认为False，表示是否强制系数为正
random_state	默认为None，表示随机数种子
solver	默认为auto，表示求解线性方程的方法。可选值有auto、svd、cholesky、lsqr、sparse_cg、sag和saga
tol	默认为1e-4，即0.0001，表示求解线性方程的精度
max_iter	默认为None，表示求解线性方程的最大迭代次数
intercept_scaling	默认为1，表示截距的缩放因子
multi_class	默认为ovr，表示多分类问题的处理方式。可选值有ovr和multinomial
verbose	默认为0，表示输出求解过程的详细程度
warm_start	默认为False，表示是否使用前一次训练的结果作为初始值
class_weight	默认为None，表示各类别的权重
sample_weight	默认为None，表示每个样本的权重
n_features_in_	默认为None，表示输入数据的特征数

在汽车价格的线性回归建模过程中，我们使用模型默认的参数设置，代码如下：

```
model = LinearRegression()
model.fit(X_train, y_train)
```

在回归模型中，决定系数是评估模型拟合优度的常用指标之一，它表示因变量的变异中有多少百分比可以被模型所解释，输出决定系数的代码如下：

```
print('训练集决定系数:{:.4f}'.format(model.score(X_train,y_train)))
print('测试集决定系数:{:.4f}'.format(model.score(X_test,y_test)))
```

运行上述代码，输出如下所示。

```
训练集决定系数:0.7327
```

测试集决定系数:0.8004

在Python中，model.coef_表示回归系数，model.intercept_表示截距，输出代码如下：

```
print('回归系数\n{}'.format(pd.Series(model.coef_, index=X.columns)))
print('截距: {:.4f}'.format(model.intercept_))
```

运行上述代码，输出如下所示。

```
回归系数
horsepower     111.992706
width          1452.738391
dtype: float64
截距: -94300.4494
```

从输出可以看出模型的效果一般，其中训练集的决定系数是0.7327，测试集的决定系数是0.8004。模型的回归方程为：

$$price = -94300.4494 + 111.992706* horsepower + 1452.738391*width$$

残差是回归模型预测值与真实值之间的差异。残差可以用来评估模型的拟合优度，如果残差较大，则说明模型的效果较差。在Python中，可以使用Sklearn库中的mean_squared_error函数来计算均方误差（MSE），输出代码如下：

```
from sklearn.metrics import mean_squared_error
#对自变量数据进行预测
y_pred = model.predict(X_test)
#计算均方误差
mse = mean_squared_error(y_test, y_pred)
print("均方误差(MSE):", mse)
```

运行上述代码，输出如下所示。

```
均方误差(MSE): 14967295.813257853
```

绘制残差图可以帮助我们更直观地了解模型的预测效果，以及是否存在系统性的误差，绘图代码如下：

```
#导入第三方包
import matplotlib as mpl
import matplotlib.pyplot as plt

#显示中文
mpl.rcParams['font.sans-serif']=['SimHei']
```

```
plt.rcParams['axes.unicode_minus']=False

#计算残差
residuals = y_test - y_pred
#绘制残差图
plt.scatter(y_pred, residuals)
plt.xlabel("预测值",size=16)
plt.ylabel("残差",size=16)

#设置坐标轴刻度值大小以及刻度值字体
plt.tick_params(labelsize=16)
plt.rc('font',size=16)

#添加水平参考线
plt.axhline(y=0, color='r', linestyle='-')
plt.show() #显示图形
```

运行上述代码，输出的残差图如图8-2所示。

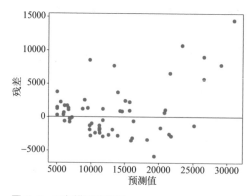

图8-2　回归模型残差图

8.3　聚类分析及其案例

8.3.1　K-Means 聚类简介

聚类分析是一种无监督学习方法，用于将给定的样本集合划分成若干个具有相似特征的簇。聚类分析的目标是使同一簇内的样本相似度尽可能高，而不同簇之间的相似度尽可能低。相似性是定义一个类的基础，不同数据之间在同一个特征空间相似度的衡量对于聚类步骤是很重要的，由于特征类型和特征标度的多样性，距离度量必须谨慎，它经常依赖于应用。

例如，通常通过定义在特征空间的距离度量来评估不同对象的相异性，很多距离度量都应用在一些不同的领域，一个简单的距离度量，如欧氏距离，经常被用作反映不同数据间的相异性。常用来衡量数据点间的相似度的距离有海明距离、欧氏距离、马氏距离等，公式如下：

·海明距离：

$$d(\boldsymbol{x}_i, \boldsymbol{x}_j) = \sum_{k=1}^{m} |x_{ik} - x_{jk}|$$

·欧氏距离：

$$d(\boldsymbol{x}_i, \boldsymbol{x}_j) = \sqrt{\sum_{k=1}^{m} (x_{ik} - x_{jk})^2}$$

·马氏距离：

$$d(\boldsymbol{x}_i, \boldsymbol{x}_j) = (\boldsymbol{x}_i - \boldsymbol{x}_j)^{\mathrm{T}} \boldsymbol{\Sigma}^{-1} (\boldsymbol{x}_i - \boldsymbol{x}_j)$$

聚类分析通常分为两类，即基于原型的聚类和基于层次的聚类。基于原型的聚类将每个簇表示为一个原型，如质心、中心点等，然后将每个样本分配给最近的原型所在的簇。常见的基于原型的聚类算法包括K-Means、高斯混合模型等。基于层次的聚类则是将样本逐步合并成越来越大的簇，或者逐步分裂成越来越小的簇。

聚类分析的建模步骤通常包括以下几个步骤。

·数据预处理：对原始数据进行清洗、去噪、归一化等处理，以便于后续聚类分析。

·特征选择：根据实际需求，选择合适的特征，并进行特征降维，以减少计算量和提高聚类效果。

·确定聚类数：根据实际需求和数据特点，确定聚类的数量。常用的方法包括手肘法、轮廓系数法等。

·选择聚类算法：根据数据特点和聚类需求，选择合适的聚类算法。常用的算法包括K-Means、DBSCAN、层次聚类等。

·模型训练：使用选定的聚类算法对数据进行训练，得到聚类模型。

·模型评估：对聚类模型进行评估，检查聚类效果是否满足实际需求。

·结果应用：根据聚类结果进行后续分析或决策。

以上步骤并非一成不变，具体应用时需要根据实际情况进行调整。

191

K-Means聚类是一种常用的聚类算法，它将数据集分成K个簇，每个簇包含最接近其质心的数据点。K-Means聚类的基本思想是：先随机选择K个质心，然后将每个数据点分配到最近的质心，再重新计算每个簇的质心，重复上述过程直到簇不再发生变化或达到预定的迭代次数。K-Means聚类的优点是简单易实现，计算速度较快，但缺点是对初始质心的选择较为敏感，可能会陷入局部最优解。

K-Means聚类算法中的距离通常是欧几里得距离（Euclidean distance）或曼哈顿距离（Manhattan distance）。

K-Means的优点是模型执行速度较快，因为我们真正要做的就是计算点和类别的中心之间的距离，因此，它具有线性复杂性$o(n)$。另一方面，K-Means有两个缺点：一个是先确定聚类的簇数量；另一个是随机选择初始聚类中心点坐标。

8.3.2　K-Means 聚类建模

下面将以案例的形式介绍K-Means聚类的过程，我们使用Scikit-Learn库中的make_blobs()函数生成随机的多维高斯分布数据集。它可以用于测试和调试机器学习算法，以及可视化数据集。该函数可以生成指定数量的样本，每个样本有多个特征，每个特征的均值和标准差可以自定义，生成的数据集通常用于聚类算法的测试和可视化。make_blobs()函数参数说明如表8-5所示。

表8-5　make_blobs()函数参数说明

参数	说明
n_samples	生成的样本点数，默认为100
n_features	生成的特征数，默认为2
centers	生成的簇数，或者是确定的中心点数，默认为3
cluster_std	簇的标准差，默认为1.0
center_box	用来设定样本取值范围的边界，默认是(-10.0,10.0)
shuffle	生成之后是否打乱样本点的顺序，默认为True
random_state	随机数生成器的状态或种子，默认为None
return_centers	如果为True，则返回簇的中心点，默认为False
**kwargs	可选的附加参数

注意：Python中的threadpoolctl包的版本需要大于等于3.1.0，否则程序运行会报错。

192

首先需要通过散点图确定聚类的簇数量，代码如下：

```
#导入第三方包
import matplotlib.pyplot as plt
from sklearn.cluster import KMeans

#导入数据采集
from sklearn.datasets import make_blobs

#生成样本数据
#注意：make_blobs返回两个值，因此一个接收到的未使用"_"
X, _ = make_blobs(n_samples=50,random_state=100)

#设置图形大小
plt.figure(figsize=(11, 7))

#设置x轴和y轴的标签大小
plt.xticks(fontsize=16)
plt.yticks(fontsize=16)

#绘制图形，可以使用颜色选项进行着色
plt.scatter(X[:,0],X[:,1],color='blue')
```

运行上述代码，绘制数据集的散点图，如图8-3所示，从图形可以看出数据集可以分为3类，即 K 为3。

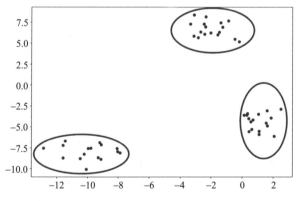

图 8-3　散点图（make_blobs() 函数结果）

kMeans() 函数是一种用于聚类分析的函数，它通过计算数据点之间的距离来将它们分成不同的组或簇，这些簇可以根据它们的相似性进行进一步的分析。

193

kMeans()函数的主要参数包括要聚类的数据点、簇的数量、初始质心和最大迭代次数，如表8-6所示。

表8-6　kMeans()函数参数

参数	说明
n_clusters	int，必须。指定K值，即聚类数目
init	{'k-means++', 'random' or an ndarray}，可选。K均值算法的初始中心点的选择方法。默认值是'k-means++'，即利用'k-means++'选择初始中心点的方法
n_init	int，可选。指定K均值算法的初始中心点('centroids')的数量。默认是10次
max_iter	int，可选。指定最大迭代次数，即最大的更新质心的迭代次数。默认是300
tol	float，可选。用来判断收敛的阈值，默认是1e-4
precompute_distances	{'auto', True, False}，可选。用来预处理距离，以便加快聚类过程。默认值是'auto'，表示自动选择使用预处理距离计算
verbose	int，可选。指定聚类过程中的输出信息等级。默认是0，表示不输出任何信息
random_state	int，RandomState instance or None，可选。为初始化生成器设置种子。单一种子确保在每次调用时产生相同的随机数。默认是None，表示随机种子
copy_x	boolean，可选。在中心更新之前是否先进行拷贝操作。默认是True，即表示进行拷贝操作
n_jobs	int，可选。指定计算使用的CPU数量。默认值是1，即使用一个CPU进行计算，-1表示使用所有的CPU

　　kmeans.fit()函数是sklearn.cluster中K-Means聚类算法的一部分，其作用是通过对数据的聚类分析，将数据分为k个不同的类别，使得每个类别内的数据相似度尽可能高，而不同类别之间的相似度尽可能低，它是基于数据的不同特征维度之间的欧几里得距离计算相似度的。kmeans.fit()函数参数说明如表8-7所示。

表8-7　kmeans.fit()函数参数说明

参数	说明
X	必须是一个数值矩阵，表示要聚类的数据集。它可以是一个NumPy数组、稀疏矩阵或其他可转化为数组的对象
y	可选参数，表示聚类数据的真实标签，用于监督学习，一般不需要设置
sample_weight	可选参数，表示每个样本的权重，在样本不平衡的情况下会有用，一般不需要设置
init	选择初始化簇中心的方式，默认为'k-means++'。可以取值'k-means++'、'random'或者是提供一个自定义函数

194

参数	说明
n_init	选择不同初始中心点的个数，默认为10。在不同的初始中心点情况下聚类效果可能会不同，可以修改此参数来提高聚类效果
max_iter	表示最大迭代次数，默认为300。这个参数影响到聚类收敛速度和效果
tol	表示聚类收敛的相对公差，默认为1e-4。这个参数影响到聚类收敛速度和效果
n_clusters	表示要聚类成的类别数目。如果不设置此参数，则需要设置max_iter和tol
algorithm	选择聚类算法，默认是'auto'自动选择。可以取值'auto'、'full'、'elkan'。'auto'会根据数据的规模和特征数自动选择算法，'full'表示标准的K-means算法，'elkan'表示基于三角不等式的优化算法。一般推荐使用'auto'
verbose	输出详细信息的等级。默认为0，表示不输出。值越大，输出信息越多
random_state	生成随机数的种子。可以重复实验
copy_x	表示是否将数据复制一份，默认为True。如果设为False，则表示直接在原数据上进行聚类

下面计算聚类过程中每个集群的质心，以及预测的集群编号，代码如下：

```python
#导入第三方包
kmeans = KMeans(init='random',n_clusters=3)

#计算集群的质心
kmeans.fit(X)

#预测集群编号
y_pred = kmeans.predict(X)
print(y_pred)
```

运行上述代码，输出如下：

```
[1 2 0 0 0 0 2 2 0 1 1 1 2 0 1 0 0 1 0 1 0 2 1 1 1 0 1 0 0 2 1 0 2 2 0 2
 2 2 2 1 0 1 2 0 1 1 1 2 2 2]
```

下面使用K-Means算法对聚类结果进行可视化，代码如下：

```python
#导入相关库
import pandas as pd

#正常显示中文
import matplotlib.pyplot as plt
plt.rcParams['font.sans-serif'] = ['SimHei']
plt.rcParams['axes.unicode_minus'] = False
```

195

```
#使用concat水平合并数据
merge_data = pd.concat([pd.DataFrame(X[:,0]),
pd.DataFrame(X[:,1]), pd.DataFrame(y_pred)], axis=1)

#将列名称指定为x轴的feature1，将特征2命名为y轴，将cluster指定为集群编号
merge_data.columns = ['特征1','特征2','集群']

ax = plt.subplot(111)

#设置刻度字体大小
plt.xticks(fontsize=16)
plt.yticks(fontsize=16)

#给x轴和y轴加上标签
plt.xlabel('特征1',size=20)
plt.ylabel('特征2',size=20)

colors = ['blue', 'red', 'green']
for i, data in merge_data.groupby('集群'):
    ax = data.plot.scatter(x='特征1', y='特征2',figsize=(11,7),
color=colors[i],label=f'集群{i}', ax=ax,fontsize=16,marker='^'
,s=50)
    plt.legend(loc='upper left',prop={'size':16})
```

运行上述代码，可以绘制基于K-Means聚类结果的散点图，如图8-4所示。

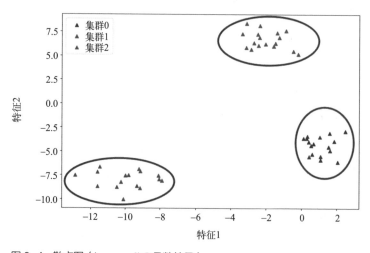

图8-4　散点图（kmeans.fit() 函数结果）

8.3.3 使用手肘法判断聚类数

在K-Means算法中，手肘法判断聚类数的核心指标是误差平方和（sum of the squared errors, SSE），它是所有样本的聚类误差，代表了聚类效果的好坏，公式如下：

$$SSE = \sum_{i=1}^{k} \sum_{p \in C_i} |p - m_i|^2$$

式中，C_i是表示第i个簇；p是C_i中的样本点；m_i是C_i的质心（C_i中所有样本的均值）。

手肘法的核心思想如下：

· 随着聚类数k的增大，样本划分会更加精细，每个簇的聚合程度会逐渐提高，那么误差平方和SSE自然会逐渐变小。

· 当k小于真实聚类数时，由于k的增大会大幅增加每个簇的聚合程度，故SSE的下降幅度会很大，而当k到达真实聚类数时，再增加k所得到的聚合程度回报会迅速变小，所以SSE的下降幅度会骤减，然后随着k值的继续增大而趋于平缓，也就是说SSE和k的关系图是一个手肘的形状，而这个肘部对应的k值就是数据的真实聚类数。

下面使用手肘法对上一节案例中的聚类数进行判断，代码如下：

```
#使用手肘法，聚类数从1到15逐渐增加
dist_list =[]
for i in range(1,15):
    kmeans= KMeans(n_clusters=i, init='random', random_state=0)
    kmeans.fit(X)
    dist_list.append(kmeans.inertia_)

#绘制图形
plt.figure(figsize=(11, 7))

#绘制图表
plt.plot(range(1,15), dist_list,marker='+')
plt.xlabel('聚类数',size=20)
plt.ylabel('误差平方和',size=20)

#设置x轴和y轴的标签和刻度
_xtick_lables = [i for i in range(0, 15)]
plt.xticks(_xtick_lables[::1],fontsize=16)
```

197

```
plt.yticks(fontsize=16)
```

　　运行上述代码，如图8-5所示，从图形可以看出对于这个数据集的聚类而言，最佳聚类数应该是3。

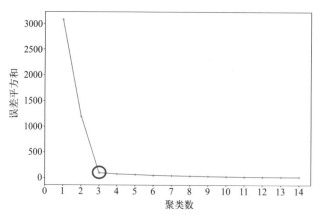

图8-5　手肘法判断聚类数

8.3.4　轮廓系数法判断聚类数

　　轮廓系数法是一种用于评估聚类结果的方法，它基于每个样本与其所属簇内其他样本的相似度和与其他簇内样本的相似度来计算轮廓系数。

　　在K-Means算法中，可以使用轮廓系数法来确定最佳的聚类数，即选择使系数较大所对应的k值。轮廓系数法的基本判断过程如下：

　　·计算样本i到同一个簇其他样本的平均距离a_i，a_i越小，说明样本i越应该被聚类到该簇，将a_i称为样本i的簇内不相似度。

　　·簇C中所有样本的a_i均值称为簇C的簇不相似度。

　　·计算样本i到其他某簇C_j的所有样本的平均距离b_{ij}，称为样本i与簇C_j的不相似度，定义为样本i的簇间不相似度：$b_i = \min\{b_{i1}, b_{i2}, \cdots, b_{ik}\}$。

　　·b_i越大，说明样本i越不属于其他簇。

　　根据样本i的簇内不相似度a_i和簇间不相似度b_i，定义样本i的轮廓系数，计算公式如下：

$$s(i) = \frac{b(i) - a(i)}{\max\{a(i), b(i)\}}$$

轮廓系数法的判断标准如下：

　　·轮廓系数s_i范围在[-1,1]之间，该值越大，越合理。

198

· s_i 接近1，则说明样本 i 聚类合理。

· s_i 接近-1，则说明样本 i 更应该分类到另外的簇。

· 若 s_i 近似为0，则说明样本 i 在两个簇的边界上。

· 所有样本的 s_i 均值称为聚类结果的轮廓系数，是该聚类是否合理、有效的度量。

下面结合具体案例，使用 sklearn.metrics.silhouette_score sklearn 中有对应的求轮廓系数的API，选择使系数较大所对应的 k 值，代码如下：

```
#导入相关库
import numpy as np
import matplotlib.pyplot as plt
from sklearn.datasets import make_blobs
from sklearn.cluster import KMeans

#轮廓系数法，前者为所有点的平均轮廓系数，后者返回每个点的轮廓系数
from sklearn.metrics import silhouette_score, silhouette_samples

#生成数据
x_true, y_true = make_blobs(n_samples= 1000, n_features= 2,
centers= 4, random_state= 1)

#绘制散点图
plt.figure(figsize= (11, 7))
plt.scatter(x_true[:, 0], x_true[:, 1], c= y_true, s= 10)

#设置刻度字体大小
plt.xticks(fontsize=16)
plt.yticks(fontsize=16)

plt.show()
```

运行上述代码，输出聚类结果的散点图如图8-6所示，从图形可以初步判断聚类数为4。

可以通过计算不同聚类数下的轮廓系数来判断最佳聚类数。一般而言，最佳聚类数应该是轮廓系数最大的聚类数。具体实现时，可以对不同聚类数进行循环计算轮廓系数，并将其绘制成图表，然后选取轮廓系数最大的聚类数作为最佳聚类数。下面我们将基于轮廓系数法判断聚类分析中的最佳聚类数，代码如下：

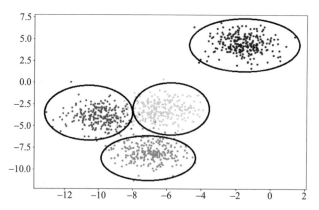

图 8-6　散点图（使用轮廓系数法所得结果）

```
#导入相关库
n_clusters = [x for x in range(3, 7)]

for i in range(len(n_clusters)):
    #实例化k-means分类器
    clf = KMeans(n_clusters= n_clusters[i])
    y_predict = clf.fit_predict(x_true)

    #绘制分类结果
    plt.figure(figsize= (11, 7))
    plt.scatter(x_true[:, 0], x_true[:, 1], c= y_predict, s= 10)
    plt.title("聚类数= {}".format(n_clusters[i]),fontsize=20)

    ex = 0.5
    step = 0.01
    xx, yy = np.meshgrid(np.arange(x_true[:, 0].min() - ex, x_
true[:, 0].max() + ex, step),np.arange(x_true[:, 1].min() - ex,
x_true[:, 1].max() + ex, step))

    zz = clf.predict(np.c_[xx.ravel(), yy.ravel()])
    zz.shape = xx.shape
    plt.contourf(xx, yy, zz, alpha= 0.1)

    #设置刻度字体大小
    plt.xticks(fontsize=16)
    plt.yticks(fontsize=16)
```

```
plt.show()

#打印平均轮廓系数
s = silhouette_score(x_true, y_predict)
print("聚类数 = {}\n轮廓系数 = {}".format(n_clusters[i], s))
```

运行上述代码，输出如图8-7～图8-10所示的聚类分析散点图，其中当聚类数为3时，轮廓系数为0.5837874966810302，如图8-7所示。

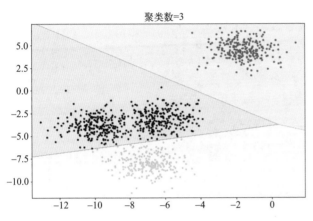

图 8-7　散点图（聚类数 = 3）

当聚类数为4时，轮廓系数等于0.6239074614020027，如图8-8所示。

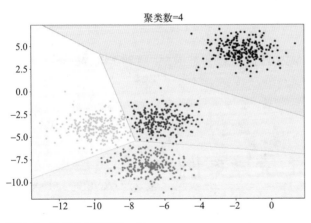

图 8-8　散点图（聚类数 = 4）

当聚类数为5时，轮廓系数等于0.5365876375893173，如图8-9所示。

当聚类数为6时，轮廓系数等于0.47453069113627244，如图8-10所示。

201

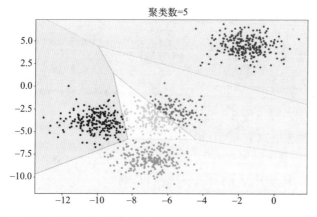

图 8-9　散点图（聚类数 = 5）

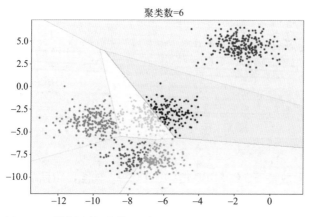

图 8-10　散点图（聚类数 = 6）

因此，可以看出当聚类数为 4 时，轮廓系数最大，即对于该数据集，聚成 4 类比较合适。

8.4　XGBoost 及其案例

8.4.1　XGBoost 算法概述

XGBoost 是一种集成学习算法，采用了决策树的思想，在建立多个弱分类器（即单个决策树）的基础上，通过集成这些弱分类器的预测结果来获得更准确的分类结果。XGBoost算法中，还引入了正则化项以及梯度提升算法等优化技术，使得其在准确性和效率方面都有不错的表现。其主要特点是能够在处理大规模数据时实现高精度、快速的学习和预测，而且还能够防止过拟合。

在集成学习中，除了XGBoost之外，还有Bagging、Boosting、Stacking等不同的方法。它们都是通过将多个弱分类器组合起来提高分类效果，但具体的实现方式和强弱点各有不同。与其他的集成学习方法不同，XGBoost基于梯度提升算法，在训练过程中逐个增加弱分类器，利用残差来训练下一个弱分类器，逐渐提高整体的准确率。相比于其他的方法，XGBoost在速度和准确性上都有一定的优势。

XGBoost拥有众多优点，较同类算法主要有以下优势。

① 当训练数据是稀疏值时，对缺失值指定分支方向来提高算法的效率。

② 寻找最佳分割点时使用了近似算法。

③ 在底层对缓存和内存都进行了优化。

④ 特征列以 block 的方式排序储存在内存中，在以后的迭代训练的过程中，可以进行反复利用，减少计算量。

⑤ 借鉴随机森林的思想通过列抽样来防止过拟合，同时还能降低训练计算量。

⑥ 内置交叉验证函数，允许在每一轮 boosting 迭代中使用交叉验证，方便获取理想的决策树数量。

⑦ 允许自定义优化目标和评价标准，具有高度的灵活性。

正是以上这些优点，使得在相同数据规模下，XGBoost比同类算法的训练速度快，分类精度较高，因此XGBoost成为很多解决实际问题的热门方案。但XGBoost同样也存在一些缺点，介绍如下。

① 只支持数值型变量输入。

② 在不平衡数据中，少数类分类准确率不高。

③ 参数过多，导致参数优化难度加大。

④ 对特征列采用预排序，遍历选择最优分割点时采用贪心法，导致面对数据量大的情况较为耗时。

⑤ 由于采用了按层生长(level-wise)的决策树生长策略，同一层的叶子会同时进行分裂，但有些叶子节点具有较低的分裂增益，并不需要继续往下进行分裂，从而导致算法不必要的开销。

XGBoost算法的实现被封装成了一个Python库，提供了简洁的接口，易于使用。以下是集成学习XGBoost的基本接口。

① XGBClassifier：用于分类问题的XGBoost模型。

② XGBRegressor：用于回归问题的XGBoost模型。

③ train：用于训练XGBoost模型的API predict（用于对测试数据进行预测的API）。

④ it：训练XGBoost模型的另一种接口。

⑤ score：用于计算模型在测试数据上的准确率。

此外，XGBoost还提供了一些高级接口，如交叉验证、特征重要性分析等，这些接口可以更好地帮助用户进行模型优化和调试。

8.4.2　XGBoost 算法参数

XGBoost是一种用于梯度提升的强力机器学习算法，它具有许多超参数。XGBoost将参数分为一般参数、弱评估器参数、任务参数等三大类型的参数。一般参数（general parameters）用于集成算法本身；弱评估器参数（booster parameters）与弱评估器训练相关；任务参数（learning task parameters）应用于其他过程。

● （1）一般参数

以下是XGBoost的一般参数的详细说明。

① booster（默认：gbtree）：选择模型的类型，分为gbtree和gblinear两种。gbtree：使用基于树的模型，是默认的booster。gblinear：使用基于线性模型的模型。

② silent（默认：0）：是否输出运行过程的消息。0：输出运行过程的消息。1：不输出运行过程的消息。

③ nthread（默认：最大可用线程数）：用于运行XGBoost的线程数。

④ eval_metric：评估指标，在训练过程中用于评估模型的指标。对于分类问题，一些可选的评估指标有：error、auc、map、logloss、merror、mlogloss等。对于回归问题，一些可选的评估指标有：rmse、mae、logloss、error等。

⑤ eta（默认：0.3）：学习率，控制模型中每一步更新的权重缩放系数，同时避免了步长过大的情况。

⑥ gamma（默认：0）：正则化参数，控制树的分支，与损失函数结合使用，防止过度拟合。

⑦ max_depth（默认：6）：树的最大深度，控制决策树的复杂度，以避免过度拟合。

⑧ min_child_weight（默认：1）：控制叶子节点上的最小实例权重总和，该参数越高，则模型越保守，因为越高的值使得模型更不可能产生在所有实例中仅存在于少数样本的叶子节点。

⑨ max_delta_step（默认：0）：限制每次更新时树模型权重。如果max_delta_step为0，则没有任何约束。

⑩ subsample（默认：1）：用于训练树的子样本大小比例。范围为[0, 1]。

⑪ colsample_bytree（默认：1）：建立每棵树时，随机选择的特征比例。范围为[0, 1]。

⑫ colsample_bylevel（默认：1）：用于构建每个级别（即每个深度）时，随机选择的特征比例。范围为[0, 1]。

⑬ lambda/ reg_lambda（默认：1）：权重的L2正则化系数（同义词：reg_lambda）。

⑭ alpha/ reg_alpha（默认：0）：权重的L1正则化系数（同义词：reg_alpha）。

⑮ scale_pos_weight（默认：1）：在类别不平衡问题中，用于控制正负权重比例的参数。

⑯ base_score（默认：0.5）：初始预测得分，该参数通常设置为训练数据中正负样本比例的平均值。

以上是XGBoost的一般参数的详细说明，它们可以根据具体的任务进行调整。

（2）弱评估器参数

XGBoost中的弱评估器参数说明如下。

① max_depth：树的最大深度。默认值为6。

② min_child_weight：子节点权重阈值，控制子节点中最小权重的样本数。默认值为1。

③ subsample：随机采样比例，控制每次迭代的样本比例。默认值为1。

④ colsample_bytree：随机采样比例，控制每次迭代时列（特征）的采样比例。默认值为1。

⑤ eta：步长，控制每次迭代时默认值为0.3。

⑥ gamma：剪枝参数，控制树生长时进行剪枝的条件。默认值为0。

⑦ alpha：正则化参数，用于控制树的复杂度。默认值为0。

⑧ lambda：正则化参数，用于控制树的复杂度。默认值为1。

⑨ scale_pos_weight：正样本与负样本不平衡时的权重比例。默认值为1。

这些参数都是影响树的结构和学习速度的关键参数。对这些参数的合理调节可以提高模型的准确性和泛化能力。

（3）任务参数

XGBoost中的任务参数指的是能够影响其模型训练和预测过程的一些参数。以下是XGBoost中的任务参数及其详细说明。

① booster：指定使用哪种类型的模型，可选值为gbtree（默认）和gblinear。当设置为gbtree时，使用树模型；当设置为gblinear时，使用线性模型。

② objective：模型要解决的问题类型，可选值包括reg:squarederror、reg:logistic、binary:logistic、binary:logitraw、rank:pairwise、rank:ndcg、rank:map、multi:softmax、multi:softprob等。对于回归问题，一般使用reg:squarederror；对于分类问题，一般使用binary:logistic或multi:softmax。

③ eval_metric：模型的性能评估指标，可选值包括rmse、mae、logloss、auc、error、merror、mlogloss等。一般在训练时，使用该指标来监控模型的性能，评估模型在验证集上的表现。

④ num_class：当使用多分类问题时，在objective参数设置为multi:softmax或multi:softprob时需要指定该参数。表示分类的数量。

⑤ eta（learning_rate）：学习率，用于控制每一次模型更新时的步长。一般在0.01 ~ 0.2之间。较小的学习率可以使模型更加稳定，但需要更多的迭代次数。

⑥ max_depth：树的最大深度，表示最大可以向下扩展多少层。一般设置小于10的值。

⑦ subsample：每次迭代时，随机采样的训练样本占总样本的比例。一般设置为0.5 ~ 1之间的值。

⑧ colsample_bytree：每次迭代时，随机采样的特征占总特征数的比例。一般设置为0.5 ~ 1之间的值。

⑨ gamma：控制树的叶节点分裂所需的最小损失减少值。一般设置为0 ~ 5之间的值。

⑩ alpha（reg_alpha）：L1正则化系数。控制模型参数中非零元素的数量。可以用来防止过拟合。一般设置为0～1之间的值。

⑪ lambda（reg_lambda）：L2正则化系数。控制模型参数的平方和大小。可以用来防止过拟合。一般设置为0～1之间的值。

⑫ scale_pos_weight：正样本的权重，在使用二分类任务的时候设置。当正负样本比例差距较大时，设置该参数可以使模型效果更好。

总之，XGBoost中的任务参数会影响模型的训练和预测，需要根据具体情况进行调整。

8.4.3　XGBoost 算法案例

Iris数据集是一个经典的多分类问题数据集，用于机器学习和统计学的研究。数据集中包含150个样本和4个特征［花萼长度（f0）、花萼宽度（f1）、花瓣长度（f2）和花瓣宽度（f3）］。这些特征是从每个鸢尾花的图像中测量出来的。通过这些特征，我们可以将鸢尾花分为三个不同的分类：setosa、versicolor和virginica。

在机器学习中，Iris数据集通常用作分类问题的测试数据集，这些分类问题通常使用监督学习算法来进行处理，如K-NN、决策树、随机森林等。该数据集是一个标准的数据集，已被许多研究和实验用于开发新的机器学习算法和技术。

① 导入XGBoost建模需要的第三方包，代码如下：

```
import xgboost as xgb
from xgboost import plot_importance
from matplotlib import pyplot as plt
from sklearn.datasets import load_iris
from sklearn.metrics import accuracy_score
from sklearn.metrics import mean_squared_error
from sklearn.model_selection import train_test_split
```

② 加载样本Iris数据集，并划分为训练集和测试集，代码如下：

```
iris = load_iris()
X,y = iris.data,iris.target
X_train, X_test, y_train, y_test = train_test_split(X, y, test_
size=0.2, random_state=1234565)
```

207

③ 设置XGBoost模型的参数，具体如下：

```
params = {
    'booster': 'gbtree',
    'objective': 'multi:softmax',      #多分类的问题
    'num_class': 3,                    #类别数
    'gamma': 0.1,                      #用于控制是否后剪枝的参数,越大越
                                        保守，一般0.1、0.2
    'max_depth': 6,                    #构建树的深度，越大越容易过拟合
    'lambda': 2,                       #控制模型复杂度的权重值的L2正则化
                                        项参数，参数越大，模型越不容易过
                                        拟合
    'subsample': 0.7,                  #随机采样训练样本
    'colsample_bytree': 0.75,          #生成树时进行的列采样
    'min_child_weight': 3,
    'eta': 0.1,                        #学习率
    'seed': 1,                         #种子
    'nthread': 4,                      #cpu线程数
}
```

④ 利用xgb.DMatrix()函数生成数据集格式，它是XGBoost中用于创建数据矩阵的函数。它将数据转换为DMatrix对象，该对象使得数据能够更快地在XGBoost中进行处理和优化。该函数可接收多种输入数据格式，例如NumPy数组、Pandas DataFrame等。同时，该函数可以通过设置参数来进行特征工程和数据处理，从而进行更加精准的建模，代码如下：

```
dtrain = xgb.DMatrix(X_train, y_train)
num_rounds = 500
```

⑤ 使用xgb.train()函数训练XGBoost模型，代码如下：

```
model = xgb.train(params, dtrain, num_rounds)
```

⑥ 对测试集进行预测，代码如下：

```
dtest = xgb.DMatrix(X_test)
y_pred = model.predict(dtest)
```

⑦ 计算模型准确率，代码如下：

```
accuracy = accuracy_score(y_test,y_pred)
print("模型准确率: %.2f%%" % (accuracy*100.0))
```

运行上述代码，输出如下：

208

模型准确率：96.67%

⑧ 显示变量重要特征，代码如下：

```
plot_importance(model)
plt.show()
```

运行上述代码，输出变量重要性的条形图如图8-11所示。

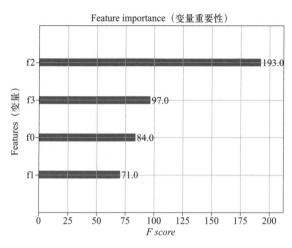

图8-11　变量重要性

⑨ 输出模型测试集的均方误差，代码如下：

```
test_MSE = mean_squared_error(y_pred, y_test)
print('测试集MSE:', test_MSE)
```

运行上述代码，输出如下：

测试集MSE：0.03333333333333333

8.5　时间序列及其案例

8.5.1　时间序列算法概述

时间序列算法是一种数据分析技术，它用于处理按时间顺序排列的数据。这种算法可以预测未来的趋势和模式，也可以对过去的数据进行分析和解释。时间序列

209

算法主要用于预测和分析时间序列数据，如股票价格、气象数据、销售数据等。

时间序列算法有许多不同的类型，其中一些介绍如下。

① 移动平均法：这种方法通过计算一系列连续值的平均值来平滑时间序列数据。这种方法可以消除季节性和周期性的波动，从而更容易观察趋势。

② 指数平滑法：这种方法通过将时间序列数据加权平均来预测未来的趋势。这种方法通常用于短期预测。

③ 自回归移动平均模型（ARMA）：这种方法是一种统计模型，它结合了自回归模型和移动平均模型。这种方法可以用于预测未来的趋势和模式。

④ 自回归积分移动平均模型（ARIMA）：这种方法是 ARMA 模型的扩展，它还包括了差分运算。这种方法可以用于处理非平稳时间序列数据。

时间序列算法在许多领域都有广泛的应用。例如：在金融领域，时间序列算法可以用于预测股票价格和货币汇率；在气象学领域，时间序列算法可以用于预测天气变化；在销售领域，时间序列算法可以用于预测销售量和需求。

8.5.2　指数平滑法及其案例

指数平滑法是一种常用的时间序列预测方法，它主要用于对未来的趋势进行预测。该方法通过对历史数据进行加权平均，来预测未来的数据走势。指数平滑法的核心在于加权平均的权重系数，权重系数越大，历史数据对未来的影响就越大。

指数平滑法的基本思想是将历史数据进行加权平均，使得最近的数据对预测结果的影响更大。该方法假设未来的数据是由历史数据加上一个随机误差项组成的，随机误差项服从正态分布。

指数平滑法可以分为简单指数平滑法和双重指数平滑法两种。简单指数平滑法只考虑了一阶指数平滑，即对历史数据进行加权平均，没有考虑趋势的变化。而双重指数平滑法则考虑了趋势的变化，通过对历史数据进行加权平均和趋势的估计，来预测未来的数据走势。

按照模型参数的不同，指数平滑的形式可以分为一次指数平滑法、二次指数平滑法、三次指数平滑法。其中一次指数平滑法针对没有趋势和季节性的序列，二次指数平滑法针对有趋势但是没有季节特性的时间序列，三次指数平滑法则可以预测具有趋势和季节性的时间序列。术语"Holt-Winter"指的是三次指数平滑。

（1）一次指数平滑法

指数平滑法是一种结合当前信息和过去信息的方法，新旧信息的权重由一个可调整的参数控制，各种变形的区别之处在于其"混合"的过去信息量的多少和参数的个数。

常见的有单指数平滑、双指数平滑。它们都只有一个加权因子，但是双指数平滑使用相同的参数将单指数平滑进行两次，适用于有线性趋势的序列。单指数平滑实质上就是自适应预期模型，适用于序列值在一个常数均值上下随机波动的情况，无趋势及季节要素的情况。单指数平滑的预测对所有未来的观测值都是常数。

一次指数平滑的递推关系公式如下：

$$s_i = \alpha x_i + (1-\alpha)s_{i-1}$$

式中，s_i 是第 i 步经过平滑的值；x_i 是这个时间的实际数据；α 是加权因子，取值范围为[0,1]，它控制着新旧信息之间的权重平衡。当 α 接近1时，我们就只保留当前数据点(即完全没有对序列做平滑操作)，当 α 接近0时，我们只保留前面的平滑值，整个曲线是一条水平的直线。在该方法中，越早的平滑值作用越小，从这个角度看，指数平滑法像拥有无限记忆且权值呈指数级递减的移动平均法。

一次指数平滑法的预测公式为：

$$x_{i+k} = s_i$$

因此，一次指数平滑法得到的预测结果在任何时候都是一条直线。并不适合于具有总体趋势的时间序列，如果用来处理有总体趋势的序列，平滑值将滞后于原始数据，除非 α 的值非常接近1，但这样使得序列不够平滑。

（2）二次指数平滑法

二次指数平滑法保留了平滑信息和趋势信息，使得模型可以预测具有趋势的时间序列。二次指数平滑法有两个等式和两个参数：

$$s_i = \alpha x_i + (1-\alpha)(s_{i-1} + t_{i-1})$$
$$t_i = \beta(s_i - s_{i-1}) + (1-\beta)t_{i-1}$$

t_i 代表平滑后的趋势，当前趋势的未平滑值是当前平滑值 s_i 和上一个平滑值 s_{i-1} 的差。s_i 为当前平滑值，是在一次指数平滑基础上加入了上一步的趋势信息 t_{i-1}。利用这种方法做预测，就取最后的平滑值，然后每增加一个时间步长，就在该平滑值上增加一个t_i，公式如下：

$$x_{i+h}=s_i+ht_i$$

在计算的形式上，这种方法与三次指数平滑法类似，因此，二次指数平滑法也被称为无季节性的Holt-Winter平滑法。

（3）Holt-Winter 指数平滑法

三次指数平滑法相比二次指数平滑法，增加了第三个量来描述季节性。累加式季节性对应的等式为：

$$s_i=\alpha(x_i-p_{i-k})+(1-\alpha)(s_{i-1}+t_{i-1})$$
$$t_i=\beta(s_i-s_{i-1})+(1-\beta)t_{i-1}$$
$$p_i=\gamma(x_i-s_i)+(1-\gamma)p_{i-k}$$
$$x_{i+h}=s_i+ht_i+p_{i-k+h}$$

累乘式季节性对应的等式为：

$$s_i=\alpha\frac{x_i}{p_{i-k}}+(1-\alpha)(s_{i-1}+t_{i-1})$$
$$t_i=\beta(s_i-s_{i-1})+(1-\beta)t_{i-1}$$
$$p_i=\gamma\frac{x_i}{s_i}+(1-\gamma)p_{i-k}$$
$$x_{i+h}=s_i+ht_i+p_{i-k+h}$$

式中，p_i为周期性的分量，代表周期的长度；x_{i+h}为模型预测的等式。

截至目前，指数平滑法已经在零售、医疗、消防、房地产和民航等行业得到了广泛应用，例如对于商品零售，可以利用二次指数平滑系数法优化马尔科夫预测模型等。

下面结合案例介绍指数平滑法的原理，以及如何使用Python实现指数平滑法。假设2023年6月份前10天进店消费的客户数据如下所示：

$$data=[12,15,13,16,14,17,15,18,16,19]$$

我们想要使用指数平滑法对这组数据进行预测。首先，我们需要选择一个平滑系数alpha，通常在0～1之间选择一个合适的值。这里，我们选择alpha为0.5。

接下来，我们需要计算出初始值S1，这里我们可以选择取数据中的第一个值，即S1=12。然后，我们使用以下公式计算出预测值F2：

$$F2=alpha*data[1]+(1-alpha)*S1$$

这里的alpha是平滑系数，data[1]是第二个数据点的值15，S1是初始值。

根据上面的数据，我们可以得到：

$$F2=0.5×15+0.5×12=13.5$$

接下来，我们可以使用同样的方法计算出预测值F3、F4，以此类推。当前预测点的值Ft的具体公式如下：

$$Ft=alpha*data[t]+(1-alpha)*Ft-1$$

其中，t表示当前数据点的索引，Ft-1表示上一个预测点的值。

最后，我们可以将F3、F4等依次存储到一个列表中，再将这个列表返回作为模型的预测结果。完整的Python代码如下：

```python
def exponential_smoothing(data, alpha):
    predictions = [data[0]]    #初始值为数据中的第一个值
    for t in range(1, len(data)):
        F_t = alpha * data[t] + (1 - alpha) * predictions[t-1]
        predictions.append(F_t)
    return predictions

data = [12, 15, 13, 16, 14, 17, 15, 18, 16, 19]
alpha = 0.5    #平滑系数
predictions = exponential_smoothing(data, alpha)
print(predictions)
```

8

Python 机器学习

程序输出结果如下：

```
[12, 13.5, 13.25, 14.625, 14.3125, 15.65625, 15.328125, 16.6640625,
16.33203125, 17.666015625]
```

可以看到，输出结果中第一个值为原始数据的第一个值，后面的值为模型预测出来的数据。可以将这些预测值与原始数据一起绘制成图表，以便更直观地观察它们的趋势，代码如下：

```python
#导入第三方包
import matplotlib.pyplot as plt

plt.rcParams['font.sans-serif'] = ['SimHei']
plt.rcParams['axes.unicode_minus'] = False

plt.plot(data, label='Actual')
plt.plot(predictions, label='Predicted')
plt.legend()
```

```
plt.show()
```

程序绘制的折线图如图8-12所示。可以看到，预测值（橙色线条）比较接近实际值（蓝色线条），但是在数据波动较大的地方仍有一定误差。如果需要更准确的预测结果，可以通过调整平滑系数等参数进行优化。

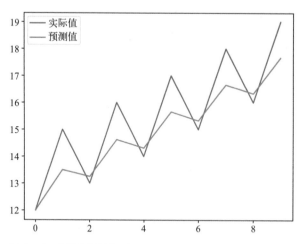

图8-12　指数平滑法预测

8.5.3　ARIMA 算法及其案例

ARIMA（自回归综合移动平均模型）是一种时间序列预测算法，是由博克思(Box)和詹金斯(Jenkins)于20世纪70年代初提出的一种时间序列预测方法。ARIMA模型是指在将非平稳时间序列转化为平稳时间序列过程中，将因变量仅对它的滞后值以及随机误差项的现值和滞后值进行回归所建立的模型。

ARIMA的基本思想是：将预测对象随时间推移而形成的数据序列视为一个随机序列，用一定的数学模型来近似描述这个序列。这个模型一旦被识别后就可以从时间序列的过去值及现在值来预测未来值。现代统计方法、计量经济模型在某种程度上已经能够帮助企业对未来进行预测。

ARIMA(p,d,q)根据原序列是否平稳以及回归中所含部分的不同，分为移动平均过程(MA)、自回归过程(AR)、自回归移动平均过程(ARMA)和自回归滑动平均混合过程(ARIMA)四个过程。其中AR是自回归，p为自回归项；MA为移动平均，q为移动平均项数，d为时间序列变为平稳时间序列时所做的差分次数。

理解ARIMA模型需要重点关注以下几点。

214

（1）平稳性要求

ARIMA模型最重要的地方在于时序数据的平稳性。平稳性是要求经由样本时间序列得到的拟合曲线在未来的短时间内能够顺着现有的形态惯性地延续下去，即数据的均值、方差理论上不应有过大的变化。平稳性可以分为严平稳与弱平稳两类。严平稳指的是数据的分布不随着时间的改变而改变；而弱平稳指的是数据的期望与相关系数（即依赖性）不发生改变。在实际应用的过程中，严平稳过于理想化与理论化，绝大多数的情况应该属于弱平稳。对于不平稳的数据，我们应当对数据进行平滑处理。最常用的手段便是差分法，计算时间序列中 t 时刻与 $t-1$ 时刻的差值，从而得到一个新的、更平稳的时间序列。

（2）自回归模型

自回归模型是描述当前值与历史值之间的关系的模型，是一种用变量自身的历史事件数据对自身进行预测的方法。其公式如下：

$$y_t = \mu + \sum_{i=1}^{p} \gamma_i y_{t-i} + \varepsilon_t$$

式中，y_t 是当前值；μ 是常数项；p 是阶数；γ_i 是自相关系数，ε_t 是误差值。

自回归模型的使用有以下四项限制：该模型用自身的数据进行预测，即建模使用的数据与预测使用的数据是同一组数据；使用的数据必须具有平稳性；使用的数据必须有自相关性，如果自相关系数小于0.5，则不宜采用自回归模型；自回归模型只适用于预测与自身前期相关的现象。

（3）移动平均模型

移动平均模型关注的是自回归模型中的误差项的累加。它能够有效地消除预测中的随机波动。其公式如下：

$$y_t = \mu + \varepsilon_t + \sum_{i=1}^{q} \theta_i \varepsilon_{t-i}$$

其中各个字母的意义与AR公式相同，θ_i 为MA公式的相关系数。

（4）自回归移动平均模型

将自回归模型与移动平均模型相结合，便可以得到自回归移动平均模型。其公式如下：

$$y_t = \mu + \sum_{i=1}^{p} \gamma_i y_{t-i} + \varepsilon_t + \sum_{i=1}^{q} \theta_i \varepsilon_{t-i}$$

在这个公式中，p 与 q 分别为自回归模型与移动平均模型的阶数，是需要人为定义的。γ_i 与 θ_i 分别是两个模型的相关系数，是需要求解的。如果原始数据不满足平稳性要求而进行了差分，则为差分自相关移动平均模型（ARIMA），将差分后所得的新数据带入 ARMA 公式中即可。

（5）自相关函数与偏自相关函数

自相关函数（ACF）是将有序的随机变量序列与其自身相比较，它反映了同一序列在不同时序的取值之间的相关性。

偏自相关函数（PACF）计算的是严格的两个变量之间的相关性，是剔除了中间变量的干扰之后所得到的两个变量之间的相关程度。对于一个平稳的 AR(p) 模型，求出滞后为 k 的自相关系数 $p(k)$ 时，实际所得并不是 $x(t)$ 与 $x(t-k)$ 之间的相关关系。这是因为在这两个变量之间还存在 $k-1$ 个变量，它们会对这个自相关系数产生一系列的影响，而这 $k-1$ 个变量本身又是与 $x(t-k)$ 相关的。这对自相关系数 $p(k)$ 的计算是一个不小的干扰。而偏自相关函数可以剔除这些干扰。

CPI 即消费者价格指数，是衡量消费者购买一篮子商品和服务的价格变化的指标。CPI 的统计分析可以帮助人们了解物价的变化趋势，从而制定个人或企业的消费和投资决策。

下面就使用 ARIMA 模型对 2016 年—2022 年共计 7 年的月度 CPI 进行数据建模，预测未来的 CPI 数据，代码如下：

```
#导入第三方包
import numpy as np
import pandas as pd
import pmdarima as pm
import matplotlib.pyplot as plt
from statsmodels.tsa.stattools import adfuller
#显示中文标签等
plt.rcParams['font.sans-serif']=['SimHei']
plt.rcParams['axes.unicode_minus']=False
```

首先，读取本地的 CSV 文件数据，代码如下：

```
#导入CPI数据
data = pd.read_csv('cpi.csv',delimiter=',',encoding='UTF-8')
```

```
df = pd.DataFrame(data)
cpi = np.array(df["cpi"])
```

通过绘制时间序列的图形，可以观察到其是否存在趋势、季节性和周期性等特征，如果存在这些特征，则该时间序列可能不是平稳的，代码如下：

```
#绘制折线图
data.plot(figsize=(12,7),color='r',linestyle='--', linewidth=5,
alpha=0.5)

#设置x轴和y轴的标签大小
plt.xticks(fontsize=13)
plt.yticks(fontsize=13)

#给x轴和y轴加上标签
plt.ylabel("CPI",size=16)

#设置标题和图例
plt.title('2016年-2022年月度全国居民消费价格指数',size=20)
plt.legend(loc='upper right',fontsize=16)

#显示图形
plt.show()
```

在 Jupyter Lab 中运行上述代码，生成如图 8-13 所示的折线图。

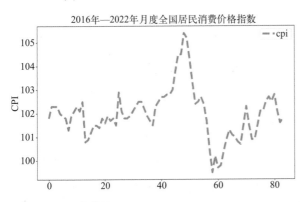

图 8-13　CPI 趋势图

单位根检验是一种常用的平稳性检测方法。其中，ADF 检验和 KPSS 检验是两种常用的单位根检验方法。如果时间序列通过了单位根检验，则说明该时间序列是平稳的。

adfuller()函数用于进行ADF单位根检验，ADF检验是一种常用的时间序列分析方法，用于检验一个时间序列是否具有单位根。具有单位根的时间序列是非平稳的，而不具有单位根的时间序列是平稳的，代码如下：

```
#数据平稳性检测
def judge_stationarity(data_sanya_one):
    dftest = adfuller(data_sanya_one)
    dfoutput = pd.Series(dftest[0:4], index=['Test Statistic','p-
value','Lags Used','Number of Observations Used'])
    stationarity = 1
    for key, value in dftest[4].items():
        dfoutput['Critical Value (%s)'%key] = value
        if dftest[0] > value:
            stationarity = 0
    print(dfoutput)
    print("是否平稳(1/0): %d" %(stationarity))
    return stationarity
stationarity = judge_stationarity(cpi)
```

程序输出如下：

```
Test Statistic                      -1.421316
p-value                              0.572015
Lags Used                           12.000000
Number of Observations Used         71.000000
Critical Value (1%)                 -3.526005
Critical Value (5%)                 -2.903200
Critical Value (10%)                -2.588995
dtype: float64
是否平稳(1/0): 0
```

可以看出，通过ADF单位根检验得出数据是不平稳的，此外，7年数据模型使用了71条记录（Number of Observations Used）。

ARIMA自动定阶是一种基于统计学方法的时间序列分析技术，可以自动确定ARIMA模型的参数，包括自回归(AR)、差分(I)和移动平均(MA)的阶数。

```
#自动定阶
pmax = int(len(df)/9)
qmax = int(len(df)/9)
```

AIC是一种信息准则，用于评估时间序列模型的拟合质量。它基于模型的最大似然估计和模型的参数数量来计算。在ARIMA模型中，p代表自回归项数，d代表差分次数，q代表移动平均项数。为了选择最佳的p、d、q值，可以使用AIC来比较不同模型的拟合优度，AIC值越小，说明模型越好。

pm.auto_arima()是Python中的一个时间序列分析工具包pmdarima中的函数，用于自动选择最优的ARIMA模型，返回值是一个ARIMA模型对象，主要参数如下。

① d：差分阶数，默认为None，表示自动选择差分阶数。

② seasonal：是否考虑季节性，默认为True。

③ D：季节性差分阶数，默认为None，表示自动选择季节性差分阶数。

④ start_p：AR模型的起始阶数，默认为2。

⑤ start_q：MA模型的起始阶数，默认为2。

⑥ max_p：AR模型的最大阶数，默认为5。

⑦ max_q：MA模型的最大阶数，默认为5。

⑧ max_order：ARIMA模型的最大阶数，默认为None，表示没有限制。

⑨ m：季节性周期长度，默认为12。

⑩ seasonal_test：季节性检验方法，默认为'OCSB'。

⑪ trace：是否输出详细信息，默认为False。

⑫ error_action：当模型无法拟合时的处理方式，默认为'warn'。

⑬ suppress_warnings：是否抑制警告信息，默认为False。

⑭ stepwise：是否使用逐步法搜索最优模型，默认为True。

⑮ random：是否使用随机法搜索最优模型，默认为False。

⑯ n_fits：最大拟合次数，默认为10。

```
#模型参数设置
model = pm.auto_arima(cpi, start_p=1, start_q=1,
                      information_criterion='aic',
                      max_p=pmax,max_q=qmax,
                      m=1,d=None,seasonal=True,
                      start_P=0,D=0,trace=True,
                      error_action='ignore',
                      suppress_warnings=True,
                      stepwise=True)
```

程序输出如下：

```
Performing stepwise search to minimize aic
```

```
ARIMA(1,0,1)(0,0,0)[0] intercept   : AIC=127.711, Time=0.17 sec
ARIMA(0,0,0)(0,0,0)[0] intercept   : AIC=251.218, Time=0.00 sec
ARIMA(1,0,0)(0,0,0)[0] intercept   : AIC=128.341, Time=0.03 sec
ARIMA(0,0,1)(0,0,0)[0] intercept   : AIC=185.201, Time=0.03 sec
ARIMA(0,0,0)(0,0,0)[0]             : AIC=1017.378, Time=0.01 sec
ARIMA(2,0,1)(0,0,0)[0] intercept   : AIC=129.100, Time=0.19 sec
ARIMA(1,0,2)(0,0,0)[0] intercept   : AIC=128.720, Time=0.21 sec
ARIMA(0,0,2)(0,0,0)[0] intercept   : AIC=153.784, Time=0.05 sec
ARIMA(2,0,0)(0,0,0)[0] intercept   : AIC=127.197, Time=0.05 sec
ARIMA(3,0,0)(0,0,0)[0] intercept   : AIC=128.893, Time=0.12 sec
ARIMA(3,0,1)(0,0,0)[0] intercept   : AIC=130.886, Time=0.22 sec
ARIMA(2,0,0)(0,0,0)[0]             : AIC=inf, Time=0.03 sec
Best model:  ARIMA(2,0,0)(0,0,0)[0] intercept
Total fit time: 1.127 seconds
```

从程序输出可以看到模型的训练过程，AIC最小值是127.197，因此，选择最佳的p、d、q组合是（2，0，0）。

此外，summary()方法可以用于对时间序列模型进行统计摘要分析，以便更好地了解模型的性能和效果，代码如下：

```
#打印模型参数
print(model.summary())
```

程序输出如图8-14所示。

```
                           SARIMAX Results
==============================================================================
Dep. Variable:                      y   No. Observations:          84
Model:              SARIMAX(2, 0, 0)   Log Likelihood         -59.599
Date:              Mon, 12 Jun 2023   AIC                    127.197
Time:                      02:25:31   BIC                    136.920
Sample:                           0   HQIC                   131.106
                              - 84
Covariance Type:                opg
==============================================================================
                 coef    std err          z      P>|z|      [0.025      0.975]
------------------------------------------------------------------------------
intercept     14.2635      4.909      2.906      0.004      4.643      23.884
ar.L1          1.0468      0.089     11.760      0.000      0.872       1.221
ar.L2         -0.1867      0.093     -2.006      0.045     -0.369      -0.004
sigma2         0.2375      0.029      8.255      0.000      0.181       0.294
==============================================================================
Ljung-Box (L1) (Q):               0.00   Jarque-Bera (JB):          10.77
Prob(Q):                          0.95   Prob(JB):                   0.00
Heteroskedasticity (H):           0.97   Skew:                      -0.31
Prob(H) (two-sided):              0.93   Kurtosis:                   4.64
==============================================================================

Warnings:
[1] Covariance matrix calculated using the outer product of gradients (complex-step).
```

图8-14 summary()方法输出截图

可以看出模型最优参数组合为（2，0，0），下面基于已经确定的ARIMA模型参数，使用模型来预测未来的时间序列值，这里设置预测周期是6，即向后预测6个数值，代码如下：

```
#ARIMA模型输出
forecasts = model.predict(n_periods=6)
print(forecasts)
```

程序输出如下：

```
[101.86119592  101.88791517  101.90445968  101.9167902  101.92660912  101.93458564]
```

为了进一步验证模型的效果，我们将CPI的实际值与预测值进行比较，如表8-8所示，模型的误差率整体较小，尤其是2022年12月份误差率仅为0.06%。此外，可以看出随着时间的推移，误差率基本呈现上升的趋势。

表8-8　模型效果分析

月份	实际值	预测值	误差率
2023年5月	100.20	101.93458564	1.73%
2023年4月	100.10	101.92660912	1.82%
2023年3月	100.70	101.9167902	1.21%
2023年2月	101.00	101.90445968	0.90%
2023年1月	102.10	101.88791517	−0.21%
2022年12月	101.80	101.86119592	0.06%

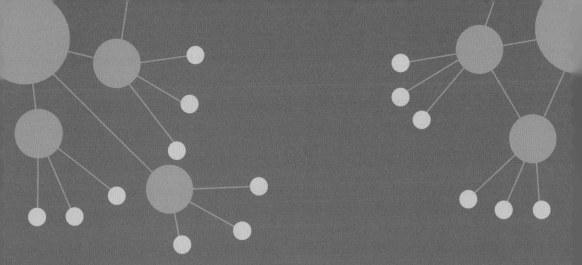

9

Python 深度学习

深度学习是人工智能的一种，相比于传统的机器学习，它在某些领域展现出了更加接近人类的智能分析效果，开始逐渐走进我们的生活，例如刷脸支付、语音识别、智能驾驶等。本章首先介绍什么是深度学习，然后介绍 PyTorch 图像识别技术的建模步骤，接着介绍 PyTorch 模型可视化的方法，最后通过手写数字自动识别的案例介绍 PyTorch 建模的具体流程。

扫码观看本章视频

9.1 深度学习概述

深度学习可以让计算机从经验中进行学习，并根据层次化的概念来理解世界，让计算机从经验中获取知识，可以避免由人类来给计算机形式化地制定它所需要的所有知识。本节我们介绍深度学习的发展历史和主要框架，以及重要的应用领域。

9.1.1 什么是深度学习

深度学习的出现主要是为了解决那些对于人类来说很容易执行，但却很难形式化描述的任务。对于这些任务，我们可以凭借直觉轻易解决，但对于人工智能来说却很难解决，针对这些比较直观的问题，提出"深度学习"来解决。深度学习发展历史如图9-1所示。

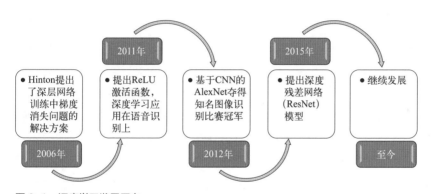

图 9-1　深度学习发展历史

2006年是深度学习的元年，Hinton教授在《科学》杂志上发表论文，提出了深层网络训练中梯度消失问题的解决方案，其主要思想是先通过自学习的方法，学习到训练数据的结构（自动编码器），然后在该结构上进行有监督训练微调。

2011年，ReLU激活函数提出，该激活函数能够有效地抑制梯度消失问题，并且微软首次将深度学习应用在语音识别上，取得了重大突破。

2012年，深度神经网络（deep neural networks，DNN）技术在图像识别领域取得惊人的效果，Hinton教授的团队利用卷积神经网络（convolutional neural networks，CNN）设计了AlexNet，使之在ImageNet图像识别大赛上

223

打败了其他团队。

2015年，深度残差网络（deep residual network，ResNet）被提出，它是由微软研究院的何凯明小组提出来的一种极度深层的网络，在提出来的时候已经达到了152层，并获得了全球权威的计算机视觉竞赛的冠军。

深度学习框架通过将深度学习算法模块化封装，能够实现模型的快速训练、测试与调优，为技术应用的预测与决策提供有力支持，当前人工智能生态的朝气蓬勃与深度学习框架的百家齐放，可谓相辅相成，相互成就。

以Python为代表的深度学习框架主要有谷歌的TensorFlow，Facebook的PyTorch、Theano、MXNET，以及微软的CNTK等，如何选择和搭建适合的开发环境，对今后的学习与提高十分重要。从GitHub查看架构的讨论热度、各大顶级会议的选择而言，TensorFlow和PyTorch无疑是当前受众最广、热度最高的两种深度学习框架。

（1）PyTorch 简介

相比TensorFlow而言，PyTorch则比较年轻。2017年1月，由Facebook人工智能研究院（FAIR）基于Torch推出了PyTorch，并于2018年5月正式公布PyTorch 1.0版本，这个新的框架将PyTorch 0.4与贾扬清的Caffe2合并，并整合ONNX格式，让开发者可以无缝地将AI模型从研究转到生产，而无须处理迁移。本书使用的稳定版是PyTorch 1.9.1，2021年9月对外发布，包含很多新的API，如支持NumPy兼容的FFT操作、性能分析工具，以及对基于分布式数据并行（DDP）和基于远程过程调用（RPC）的分布式训练，PyTorch官方还开源了很多新工具和库，使得PyTorch的众多功能向TensorFlow趋同，同时保有自身原有特性，竞争力得到极大增强。

（2）TensorFlow 简介

TensorFlow的前身是2011年Google Brain内部孵化项目DistBelief，它是一个为深度神经网络构建的机器学习系统。经过Google公司内部的锤炼后，在2015年11月9日，对外发布了TensorFlow，并于2017年2月发布了1.0.0版本，这标志着TensorFlow稳定版本的诞生。2018年9月TensorFlow 1.2版本发布，并将Keras融入TensorFlow，作为TensorFlow的高级API，这也标志着TensorFlow在面向数百万新用户开源的道路上迈出重要的一步。2021年5月发布了TensorFlow 2.5.0的正式版，包括对于分布式训练和混合精度的新功

224

能支持，对NumPy API子集的试验性支持，以及一些用于监测性能瓶颈的新工具，使得TensorFlow的功能空前强大。

（3）两种框架的比较

下面对TensorFlow和PyTorch在研究领域的使用现状进行详细分析，统计结果主要是基于顶级会议论文的使用率来比较趋势，截至目前，EMNLP、ACL、ICLR三家顶会的PyTorch的占比已经超过80%，这一占比数字在其他会议中也都保持在70%之上，TensorFlow的生存空间又大幅度缩小。图9-2为PyTorch会议论文使用率趋势。

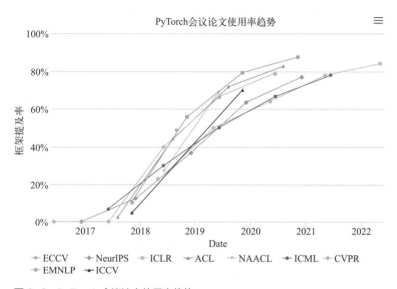

图9-2　PyTorch会议论文使用率趋势

PyTorch一骑绝尘，TensorFlow则持续下跌，例如在ICLR 2022中，使用PyTorch的篇数为1091篇，而使用TensorFlow的仅为208篇，PyTorch的篇数占PyTorch和TensorFlow总篇数的83.99%。

通过模型多层的"学习"，计算机能够用简单形象的形式来表达复杂抽象的概念，解决了深度学习的核心问题。如今，深度学习的研究成果已成功应用于推荐算法、语音识别、模式识别、目标检测、智慧城市等领域。

（1）推荐算法

互联网技术的快速发展，在满足用户需求的同时，也带来了信息过载问题。

如何从庞大的信息中快速找到感兴趣的信息变得极其重要，个性化推荐也因此变得比较热门，电商平台通常利用用户平时购买商品的记录，门户网站通常根据用户浏览新闻的类别，娱乐行业通过分析用户观看电影的类型等历史行为数据来挖掘用户的兴趣，并对其进行推荐相关的信息。

（2）语音识别

语音信号的特征提取与使用是语音识别系统的重要步骤，其主要的目的是量化语音信号所携带的众多相关信息，得到可以代表语音信号区域的特征点，显示出了其比传统方法具有更大的优势。利用深度学习对原始数据进行逐层映射，能够提取出能较好地代表原始数据的深层次的本质特点，从而提高了传统的语音识别系统的工作性能。

（3）模式识别

传统的模式识别方法就可以获得许多传统特征。然而，传统模式识别方法依赖专家知识选取有效特征，过程繁杂、费时费力且成本高昂，很难利用大数据的优势。与传统模式识别方法的最大不同在于，基于深度学习的模式识别方法能够从数据中自动学习出刻画数据本质的特征表示，摒弃了复杂的人工特征提取过程。

（4）目标检测

目标检测是计算机视觉领域中的研究热点。近年来，目标检测的深度学习算法有突飞猛进的发展。目标检测作为计算机视觉的一个重要研究方向，已广泛应用于人脸检测、行人检测和无人驾驶等领域。随着大数据、计算机硬件技术和深度学习算法在图像分类中的突破性进展，基于深度学习的目标检测算法成为主流。

（5）智慧城市

随着机器视觉技术不断的发展，基于机器视觉的智慧城市人流量的统计能够更好地服务群众、减少安全隐患、提高管理效率。例如，对于智慧城市公共场所的人流密度进行实时统计与跟踪得到了广泛的研究和应用，对特色景点和公园等人流密度较大的公共区域进行人数统计，准确地掌握当前区域的游客数量，有利于避免踩踏及偷窃等多种不良事件发生。

226

9.1.2　安装 PyTorch 2.0

2023年3月，PyTorch团队发布了2.0版本，跟先前1.0版本相比，2.0有了颠覆式的变化。在PyTorch 2.0中，最大的改进是torch.compile，新的编译器比以前PyTorch 1.0中默认的"eager mode"所提供的即时生成代码的速度快得多，让PyTorch性能进一步提升。

我们可以到PyTorch的官方网站下载软件，有两种版本可以选择，分别为CPU版和GPU版，如果安装系统中有NVIDIA GPU，或者有AMD ROCm，那么推荐安装GPU版本，因为对于大数据量的计算，GPU环境比CPU环境要快很多。

（1）安装 CPU 版本

虽然在CPU环境下模型的训练上非常缓慢，但是为了简化现场部署PyTorch模型，以及降低深度学习的学习门槛，利于框架本身的推广，现在大部分厂家生产的笔记本都可以安装PyTorch深度学习框架。

PyTorch可以安装在Windows、Linux、Mac等系统中，可以使用Conda、Pip等工具进行安装，可以运行在Python、C++、Java等语言环境下，如图9-3所示。

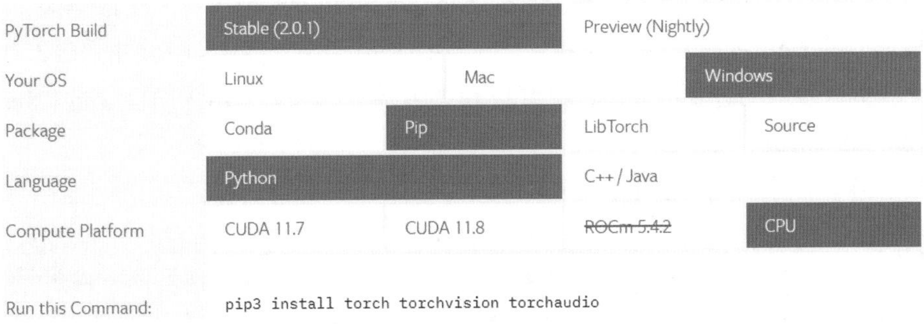

PyTorch Build	Stable (2.0.1)		Preview (Nightly)	
Your OS	Linux	Mac	Windows	
Package	Conda	Pip	LibTorch	Source
Language	Python		C++ / Java	
Compute Platform	CUDA 11.7	CUDA 11.8	~~ROCm 5.4.2~~	CPU
Run this Command:	pip3 install torch torchvision torchaudio			

图 9-3　下载 PyTorch

其中，使用Pip工具的安装命令如下。

```
pip3 install torch torchvision torchaudio
```

注意：由于PyTorch软件较大，如果网络环境不是很稳定，可以先到网站上下载对应版本的离线文件。

此外，在安装PyTorch时，很多基于Pytorch的工具集，如处理音频的torchaudio、处理图像视频的torchvision等都有一定的版本限制。

在安装 GPU 版本的 PyTorch 时，需要先到 NVIDIA 的官方网站查看系统中的显卡是否支持 CUDA，再依次安装显卡驱动程序、CUDA11 和 cuDNN 等，最后安装 PyTorch。

9.2　PyTorch 图像识别技术

图像识别，是指利用计算机对图像进行处理、分析和理解，以识别各种不同模式的目标和对象的技术，是应用深度学习算法的一种实践应用。为了更好地理解和应用图像自动识别技术，本节通过实际案例介绍基于 PyTorch 的图像自动识别模型。

9.2.1　加载数据集

本节将使用 MNIST 数据集，MNIST 数据集来自美国国家标准与技术研究所（National Institute of Standards and Technology，NIST）。该数据集分成训练集(training set)和测试集（test set）两个部分，其中训练集由来自 250 个不同人手写的数字构成，其中 50% 是高中学生，50% 来自人口普查局（the Census Bureau）的工作人员，测试集也是同样比例的手写数字数据。

MNIST 数据集包含如下 4 个文件。

```
train-images-idx3-ubyte.gz:  training set images (9912422 bytes)
train-labels-idx1-ubyte.gz:  training set labels (28881 bytes)
t10k-images-idx3-ubyte.gz:   test set images (1648877 bytes)
t10k-labels-idx1-ubyte.gz:   test set labels (4542 bytes)
```

在加载时，还需要导入模型需要的包，代码如下：

```
import torch
import torchvision
import torch.nn as nn
import torch.nn.functional as F
import torch.utils.data as Data
```

导入训练数据集的代码如下：

```
train_data = torchvision.datasets.MNIST(
    root = './',
    train = True,
    transform = torchvision.transforms.ToTensor(),
    download = False)

test_data = torchvision.datasets.MNIST(
    root='./',
    train=False)
```

导入测试训练集的代码如下:

```
test_x= torch.unsqueeze(test_data.data,dim=1).type(torch.
FloatTensor)/255
test_y= test_data.targets
```

9.2.2 搭建与训练网络

设置神经网络的结构,代码如下:

```
class CNN(nn.Module):
    def __init__(self):
        super(CNN,self).__init__()
        self.conv1 = nn.Sequential(
            nn.Conv2d(
                in_channels=1,
                out_channels=16,
                kernel_size=3,
                stride=1,
                padding=1
            ),
            nn.ReLU(),
            nn.MaxPool2d(kernel_size=2)
        )
        self.conv2 = nn.Sequential(
            nn.Conv2d(
                in_channels=16,
                out_channels=32,
                kernel_size=3,
                stride=1,
```

```
            padding=1
        ),
        nn.ReLU(),
        nn.MaxPool2d(kernel_size=2)
    )
    self.output = nn.Linear(32*7*7,10)

    def forward(self, x):
        out = self.conv1(x)
        out = self.conv2(out)
        out = out.view(out.size(0),-1)
        out = self.output(out)
        return out

cnn = CNN()
```

设置优化器和损失函数，并训练模型：

```
optimizer = torch.optim.Adam(cnn.parameters(),lr=LR,)
loss_func = nn.CrossEntropyLoss()

for epoch in range(EPOCH):
    for step ,(b_x,b_y) in enumerate(train_loader):
        output = cnn(b_x)
        loss = loss_func(output,b_y)

        optimizer.zero_grad()
        loss.backward()
        optimizer.step()

        if step%50 ==0:
            test_output = cnn(test_x)
            pred_y = torch.max(test_output, 1)[1].data.numpy()
            accuracy = float((pred_y ==
test_y.data.numpy()).astype(int).sum()) / float(test_y.size(0))

torch.save(cnn,'cnn_minist.pkl')
```

9.2.3 预测图像数据

对测试集数据进行预测，并输出准确率，编写代码如下：

```
cnn = torch.load('cnn_minist.pkl')
test_output = cnn(test_x[:20])
pred_y = torch.max(test_output, 1)[1].data.numpy()

print('预测值', pred_y)
print('实际值', test_y[:20].numpy())

test_output1 = cnn(test_x)
pred_y1 = torch.max(test_output1, 1)[1].data.numpy()
accuracy = float((pred_y1 == test_y.data.numpy()).astype(int).
sum()) / float(test_y.size(0))
print('准确率',accuracy)
```

运行上述模型代码，输出预测值、实际值和准确率，如下所示：

```
预测值 [7 2 1 0 4 1 4 9 5 9 0 6 9 0 1 5 9 7 3 4]
实际值 [7 2 1 0 4 1 4 9 5 9 0 6 9 0 1 5 9 7 3 4]
准确率 0.9866
```

可以看出图像识别模型的准确率较好，达到了0.9866。

9.3 PyTorch 模型可视化

在PyTorch深度学习中，常用的模型可视化工具是Facebook（中文为脸书，目前已改名为Meta）公司开源的Visdom，本节通过案例详细介绍该模型可视化工具。

9.3.1 Visdom 简介

Visdom可以直接接收来自PyTorch的张量，而不用转化成NumPy中的数组，从而运行效率很高。此外，Visdom可以直接在内存中获取数据，毫秒级刷新，速度很快。

Visdom的安装很简单，直接执行以下命令即可：

```
pip install visdom
```

开启服务，因为Visdom本质上是一个类似于Jupyter Notebook的Web服务器，在使用之前需要在终端打开服务，代码如下：

```
Python -m visdom.server
```

在第一次启动时，软件会检查和下载相对应的scripts，如果显示下面的信息，说明整个流程正常，具体如下：

```
Checking for scripts.
Downloading scripts, this may take a little while
It's Alive!
INFO:root:Application Started
INFO:root:Working directory: C:\Users\shang\.visdom
You can navigate to http://localhost:8097
```

正常执行后，根据提示在浏览器中输入相应地址即可，默认地址为：

```
http://localhost:8097/
```

如果出现蓝底空白的页面，并且上排有一些条形框，表示安装使用成功，如图9-4所示。

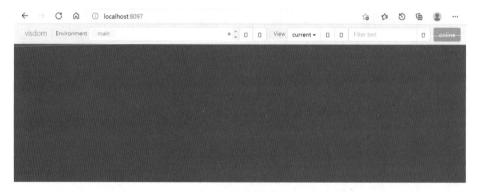

图9-4　Visdom服务器界面

Visdom目前支持的图形API如下：

· vis.scatter：2D或3D散点图。

· vis.line：线图。

· vis.updateTrace：更新现有的线/散点图。

· vis.stem：茎叶图。

· vis.heatmap：热力块。

- vis.bar：条形图。
- vis.histogram：直方图。
- vis.boxplot：箱形图。
- vis.surf：曲面图。
- vis.contour：等高线图。
- vis.quiver：绘出二维矢量场。
- vis.mesh：网格图。

这些API的确切输入类型有所不同，尽管大多数API的输入包含一个tensor X（保存数据）和一个可选的tensor Y（保存标签或者时间戳）。所有的绘图函数都接收一个可选参数win，用来将图画到一个特定的窗格上。每个绘图函数也会返回当前绘图的win。也可以指定绘出的图添加到哪个可视化空间的分区上。

Visdom同时支持PyTorch的tensor和NumPy的ndarray两种数据结构，但不支持Python的int、float等类型，因此每次传入时都需先将数据转成ndarray或tensor。上述操作的参数一般不同，但有两个参数是绝大多数操作都具备的。

- win：用于指定pane的名字，如果不指定，Visdom将自动分配一个新的pane。如果两次操作指定的win名字一样，新的操作将覆盖当前pane的内容，因此建议每次操作都重新指定win。
- opts：选项，接收一个字典，常见的option包括title、xlabel、ylabel、width等，主要用于设置pane的显示格式。

之前提到过，每次操作都会覆盖之前的数值，但我们在训练网络的过程中往往需要不断更新数值，如损失值等，这时就需要指定参数update='append'来避免覆盖之前的数值。

除了使用update参数以外，还可以使用vis.updateTrace方法来更新图，但updateTrace不仅能在指定窗格上新增一个和已有数据相互独立的痕迹，还能像update='append'那样在同一条痕迹上追加数据。

9.3.2　Visdom 可视化操作

Visdom提供了多种绘图函数，可以用于实现数据的可视化。

（1）散点图 plot.scatter()

这个函数是用来画2D或3D数据的散点图。它需要输入 N×2或N×3的张量X来指定N个点的位置。一个可供选择的长度为N的向量用来保存X中的点对应的标签(1到K)。标签可以通过点的颜色反映出来。

scatter()支持下列的选项:

- opts.markersymbol: 标记符号 (string; default = 'dot')。
- opts.markersize : 标记大小(number; default = '10')。
- opts.markercolor : 每个标记的颜色 (torch.*Tensor; default = nil)。
- opts.legend : 包含图例名字的table。
- opts.textlabels : 每一个点的文本标签 (list: default = None)。
- opts.layoutopts : 图形后端为布局接收的任何附加选项的字典,比如 layoutopts = {'plotly': {'legend': {'x':0, 'y':0}}}。
- opts.traceopts : 将跟踪名称或索引映射到plotly为追踪接收的附加选项的字典,比如 traceopts = {'plotly': {'myTrace': {'mode': 'markers'}}}。
- opts.webgl : 使用WebGL绘图(布尔值, default= false)。WebGL可以为HTML5 Canvas提供硬件3D加速渲染,这样Web开发人员就可以借助系统显卡来在浏览器里更流畅地展示3D场景和模型了,还能创建复杂的导航和数据视觉化。
- options.markercolor 是一个包含整数值的Tensor。Tensor的形状可以是 N 或 N × 3 或 K 或 K × 3。
- Tensor of size N: 表示每个点的单通道颜色强度。 0 = black, 255 = red。
- Tensor of size N × 3: 用三通道表示每个点的颜色。 0,0,0 = black, 255,255,255 = white。
- Tensor of size K and K × 3: 为每个类别指定颜色,不是为每个点指定颜色。

生成普通散点图,代码如下。

```
import visdom
import numpy as np

vis = visdom.Visdom()

Y = np.random.rand(100)
old_scatter = vis.scatter(
    X=np.random.rand(100, 2),
    Y=(Y[Y > 0] + 1.5).astype(int),
```

```
opts=dict(
    legend=['Didnt', 'Update'],
    xtickmin=-50,
    xtickmax=50,
    xtickstep=0.5,
    ytickmin=-50,
    ytickmax=50,
    ytickstep=0.5,
    markersymbol='cross-thin-open',
    ),
)

vis.update_window_opts(
    win=old_scatter,
    opts=dict(
        legend=['2019年', '2020年'],
        xtickmin=0,
        xtickmax=1,
        xtickstep=0.5,
        ytickmin=0,
        ytickmax=1,
        ytickstep=0.5,
        markersymbol='cross-thin-open',
    ),
)
```

输出如图9-5所示。

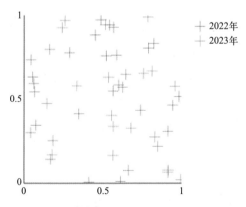

图 9-5　普通散点图

带着文本标签的散点图，代码如下。

```
import visdom
import numpy as np

vis.scatter(
    X=np.random.rand(6, 2),
    opts=dict(
        textlabels=['Label %d' % (i + 1) for i in range(6)]
    )
)
```

输出如图9-6所示。

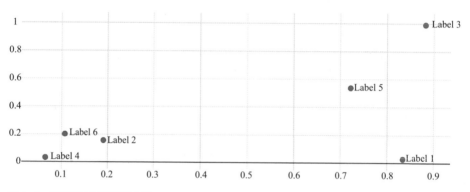

图9-6　带着文本标签的散点图

（2）线图 vis.line()

这个函数用来画一条线。它接收一个N或N×M张量Y作为输入，它指定连接N个点的M条线的值。它还接收一个可选的X张量，指定相应的X轴值;X可以是一个N张量(在这种情况下，所有的线都有相同的X轴值)，或者和Y大小相同。

下面是该函数支持的选项：

· opts.fillarea：填满线下区域(boolean)。

· opts.markers：显示标记 (boolean; default = false)。

· opts.markersymbol: 标记符号(string; default = 'dot')。

· opts.markersize：标记大小(number; default = '10')。

· opts.linecolor：线颜色 (np.array; default = None)。

· opts.dash：每一行的破折号类型（np.array; default = 'solid'），实线、破折号、虚线或破折号中的一个，其大小应与所画线的数目相匹配。

· opts.legend：包含图例名称的表。

· opts.layoutopts：图形后端为布局接收的任何附加选项的字典，比如 layoutopts = {'plotly': {'legend': {'x':0, 'y':0}}}。

· opts.traceopts：将跟踪名称或索引映射到plot.ly为追踪接收的附加选项的字典，比如 traceopts = {'plotly': {'myTrace': {'mode': 'markers'}}}。

· opts.webgl：使用WebGL绘图（布尔值;default= false）。如果一个图包含太多的点，它会更快。要谨慎使用，因为浏览器不会在一个页面上允许多个WebGL上下文。

下面是一个绘制线图的例子，代码如下。

```
import visdom
import numpy as np

Y = np.linspace(-5, 5, 100)
vis.line(
    Y=np.column_stack((Y * Y, np.sqrt(Y + 5))),
    X=np.column_stack((Y, Y)),
    opts=dict(markers=False),
)
```

输出如图9-7所示。

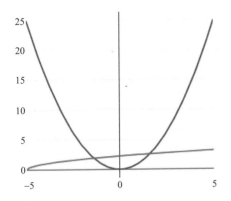

图9-7　线图

实线、虚线等不同线的实现，代码如下。

```
import visdom
```

```
import numpy as np

win = vis.line(
    X=np.column_stack((
        np.arange(0, 10),
        np.arange(0, 10),
        np.arange(0, 10),
    )),
    Y=np.column_stack((
        np.linspace(5, 10, 10),
        np.linspace(5, 10, 10) + 5,
        np.linspace(5, 10, 10) + 10,
    )),
    opts={
        'dash': np.array(['solid', 'dash', 'dashdot']),
        'linecolor': np.array([
            [0, 191, 255],
            [0, 191, 255],
            [255, 0, 0],
        ]),
        'title': '不同类型的线'
    }
)

vis.line(
    X=np.arange(0, 10),
    Y=np.linspace(5, 10, 10) + 15,
    win=win,
    name='4',
    update='insert',
    opts={
        'linecolor': np.array([
            [255, 0, 0],
        ]),
        'dash': np.array(['dot']),
    }
)
```

输出如图9-8所示。

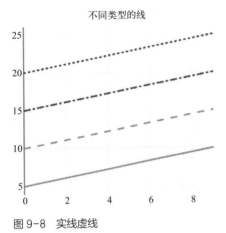

不同类型的线

图9-8 实线虚线

堆叠区域，代码如下。

```
import visdom
import numpy as np

Y = np.linspace(0, 4, 200)
win = vis.line(
    Y=np.column_stack((np.sqrt(Y), np.sqrt(Y) + 2)),
    X=np.column_stack((Y, Y)),
    opts=dict(
        fillarea=True,
        showlegend=False,
        width=380,
        height=330,
        ytype='log',
        title='堆积面积图',
        marginleft=30,
        marginright=30,
        marginbottom=80,
        margintop=30,
    ),
)
```

输出如图9-9所示。

（3）其他图形

① 茎叶图vis.stem()　这个函数可绘制一个根茎图。它接收一个N或N×M张量X作为输入，它指定M时间序列中N个点的值。还可以指定一个包含时间戳的可选N或N×M张量Y；如果Y是一个N张量，那么所有M个时间序列都假设有相同的时间戳。

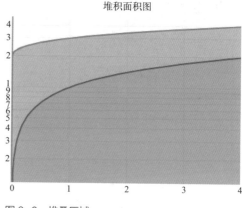

堆积面积图

图9-9　堆叠区域

下面是该函数支持的选项：

- opts.colormap: 色图 (string; default = 'Viridis')。

- opts.legend：包含图例名称的表。

- opts.layoutopts：图形后端为布局接收的任何附加选项的字典，比如layoutopts = {'plotly': {'legend': {'x':0, 'y':0}}}。

以下是绘制一个茎叶图例子的代码：

```
import math
import visdom
import numpy as np


Y = np.linspace(0, 2 * math.pi, 70)
X = np.column_stack((np.sin(Y), np.cos(Y)))
vis.stem(
    X=X,
    Y=Y,
    opts=dict(legend=['正弦函数', '余弦函数'])
)
```

输出如图9-10所示。

② 热力图vis.heatmap()　此函数可绘制热力图。它接收一个N×M张量X作为输入，它指定了热力图中每个位置的值。

下面是该函数支持的选项：

- opts.colormap：色图 (string; default = 'Viridis')。

- opts.xmin：修剪的最小值 (number; default = X:min())。

- opts.xmax：修剪的最大值 (number; default = X:max())。

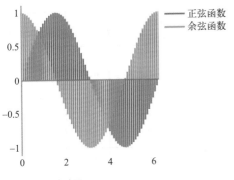

图 9-10 茎叶图

- opts.columnnames: 包含 x-axis 标签的表。

- opts.rownames：包含 y-axis 标签的表。

- opts.layoutopts：图形后端为布局接收的任何附加选项的字典，比如 layoutopts = {'plotly': {'legend': {'x':0, 'y':0}}}。

以下是实现一个热力图的代码：

```
import visdom
import numpy as np

vis.heatmap(
    X=np.outer(np.arange(1, 6), np.arange(1, 11)),
    opts=dict(
        columnnames=['a', 'b', 'c', 'd', 'e', 'f', 'g', 'h',
'i', 'j'],
        rownames=['y1', 'y2', 'y3', 'y4', 'y5'],
        colormap='Viridis',
    )
)
```

输出如图 9-11 所示。

③ 条形图 vis.bar()　此函数用于绘制规则的、堆叠的或分组的条形图。它接收一个 N 或 N×M 张量 X 作为输入，它指定了每个条的高度。如果 X 包含 M 列，则对每一行对应的值进行堆叠或分组(取决于 opts.stacked 的选择方式)。除了 X，还可以指定一个(可选的)N 张量 Y，它包含相应的 X 轴值。

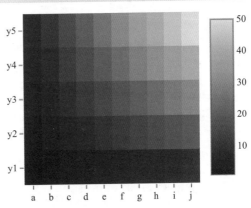

图 9-11 热力图

以下是该函数目前支持的选项：

- opts.rownames: 包含 x-axis 标签的表。

- opts.stacked：在 X 中堆叠多个列。

241

・opts.legend：包含图例名称的表。

・opts.layoutopts：图形后端为布局接收的任何附加选项的字典，比如 layoutopts = {'plotly': {'legend': {'x':0, 'y':0}}}。

以下是实现一个条形图的代码：

```
import visdom
import numpy as np

vis.bar(
    X=np.abs(np.random.rand(4, 3)),
    opts=dict(
        stacked=True,
        legend=['低价值客户', '一般价值客户', '高价值客户'],
        rownames=['2017', '2018', '2019', '2020']
    )
)
```

输出如图9-12所示。

④ 箱形图vis.boxplot() 此函数用来绘制指定数据的箱形图。它接收一个N或一个N×M张量X作为输入，该张量X指定了N个数据值，用来构造M个箱形图。

以下是该函数目前支持的选项：

・opts.legend：在X中每一列的标签。

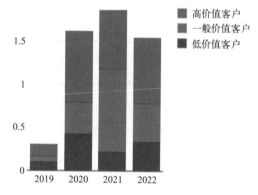

图9-12 条形图

・opts.layoutopts：图形后端为布局接收的任何附加选项的字典，比如 layoutopts = {'plotly' : {'legend' : {'x':0, 'y':0}}}。

以下是绘制一个箱形图例子的代码：

```
import visdom
import numpy as np

X = np.random.rand(100, 2)
X[:, 1] += 2
vis.boxplot(
```

242

```
    X=X,
    opts=dict(legend=['男性', '女性'])
)
```

输出如图9-13所示。

⑤ 曲面图 vis.surf()　这个函数可绘制一个曲面图。它接收一个N×M张量X作为输入，该张量X指定了曲面图中每个位置的值。

下面是该函数支持的选项：：

·opts.colormap：色图 (string; default = 'Viridis')。

·opts.xmin：修剪的最小值 (number; default = X:min())。

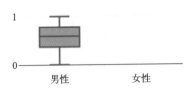

图9-13　箱形图

·opts.xmax：修剪的最大值(number; default = X:max())。

·opts.layoutopts：图形后端为布局接收的任何附加选项的字典，比如 layoutopts = {'plotly': {'legend': {'x':0, 'y':0}}}。

以下是实现一个曲面图例子的代码：

```
import visdom
import numpy as np

X = np.random.rand(50, 2)
X[:, 1] += 1
vis.surf(X=X, opts=dict(colormap='Viridis'))
```

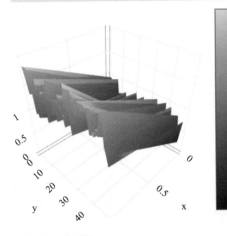

图9-14　曲面图

输出如图9-14所示。

⑥ 等高线图 vis.contour() 这个函数用来绘制等高线图。它接收一个N×M张量X作为输入，该张量X指定等高线图中每个位置的值。

下面是该函数支持的选项：

·opts.colormap：色图 (string; default = 'Viridis')。

243

- opts.xmin：修剪的最小值 (number; default = X:min())。
- opts.xmax：修剪的最大值(number; default = X:max())。
- opts.layoutopts：图形后端为布局接收的任何附加选项的字典，比如 layoutopts = {'plotly': {'legend': {'x':0, 'y':0}}}。

以下是实现等高线图例子的代码：

```
import visdom
import numpy as np

x = np.tile(np.arange(1, 81), (80, 1))
y = x.transpose()
X = np.exp((((x - 40) ** 2) + ((y - 40) ** 2)) / -(20.0 ** 2))
vis.contour(X=X, opts=dict(colormap='Viridis'))
```

输出如图9-15所示。

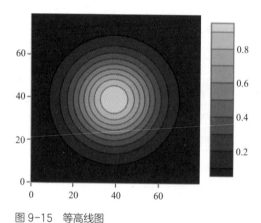

图9-15　等高线图

9.4　手写数字自动识别

（1）简介

本案例通过使用PyTorch的可视化工具Visdom对手写数字数据集进行建模。

（2）步骤

步骤1： 先导入模型需要的包，代码如下。

```
import torch
import torch.nn as nn
import torch.nn.functional as F
import torch.optim as optim
from torchvision import datasets, transforms

from visdom import Visdom
```

步骤2： 定义训练参数，代码如下。

```
batch_size=200
learning_rate=0.01
epochs=10
```

步骤3： 获取训练和测试数据，代码如下。

```
# 获取训练和测试数据
train_loader = torch.utils.data.DataLoader(
    datasets.MNIST('../data', train=True, download=True,
                transform=transforms.Compose([
                    transforms.ToTensor(),
                    # transforms.Normalize((0.1307,), (0.3081,))
                ])),
    batch_size=batch_size, shuffle=True)
test_loader = torch.utils.data.DataLoader(
    datasets.MNIST('../data', train=False, transform=transforms.
Compose([
        transforms.ToTensor(),
        # transforms.Normalize((0.1307,), (0.3081,))
    ])),
    batch_size=batch_size, shuffle=True)
```

步骤4： 定义多层感知机（全连接网络），代码如下。

```
# 定义多层感知机（全连接网络）
class MLP(nn.Module):
    def __init__(self):
        super(MLP, self).__init__()
```

```
        self.model = nn.Sequential(
            nn.Linear(784, 200),
            nn.LeakyReLU(inplace=True),
            nn.Linear(200, 200),
            nn.LeakyReLU(inplace=True),
            nn.Linear(200, 10),
            nn.LeakyReLU(inplace=True),
        )

    def forward(self, x):
        x = self.model(x)
        return x

# 定义训练过程
device = torch.device('cuda:0')
net = MLP().to(device)
optimizer = optim.SGD(net.parameters(), lr=learning_rate)
criteon = nn.CrossEntropyLoss().to(device)
```

步骤5：定义两个用于可视化训练和测试过程的visdom窗口，即两张图，代码如下。

```
viz = Visdom()
viz.line([0.], [0.], win='train_loss', opts=dict(title='train
loss'))
viz.line([[0.0, 0.0]], [0.], win='test', opts=dict(title='test
loss&acc.',legend=['loss', 'acc.']))
global_step = 0
```

这个代码块执行后，去查看Visdom提供的网页，可以发现网页中出现了两个定义的win，即两张没有数据的图，如图9-16所示。

步骤6：开始训练，并给图送入实时更新的数据，以可视化训练过程，代码如下。

```
# 开始训练，并给图送入实时更新的数据，以可视化训练过程
for epoch in range(epochs):

    for batch_idx, (data, target) in enumerate(train_loader):
        data = data.view(-1, 28*28)
        data, target = data.to(device), target.cuda()
```

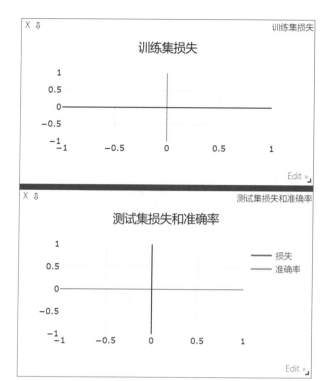

图 9-16 没有显示数据

```
        logits = net(data)
        loss = criteon(logits, target)

        optimizer.zero_grad()
        loss.backward()
        optimizer.step()

        global_step += 1
        # 给'train_loss'送入数据
        viz.line([loss.item()], [global_step], win='train_loss',
update='append')

        if batch_idx % 100 == 0:
            print('Train Epoch: {} [{}/{} ({:.0f}%)]\tLoss:
{:.6f}'.format(
```

```
                    epoch, batch_idx * len(data), len(train_loader.
dataset),
                        100. * batch_idx / len(train_loader),
loss.item()))

    test_loss = 0
    correct = 0
    for data, target in test_loader:
        data = data.view(-1, 28 * 28)
        data, target = data.to(device), target.cuda()
        logits = net(data)
        test_loss += criteon(logits, target).item()

        pred = logits.argmax(dim=1)
        correct += pred.eq(target).float().sum().item()

    # 给'test'送入数据
    viz.line([[test_loss, correct / len(test_loader.dataset)]],
            [global_step], win='test', update='append')
    # 可视化当前测试的数字图片
    viz.images(data.view(-1, 1, 28, 28), win='x')
    # 可视化测试结果
    viz.text(str(pred.detach().cpu().numpy()), win='pred',
            opts=dict(title='pred'))

    test_loss /= len(test_loader.dataset)
    print('\nTest set: Average loss: {:.4f}, Accuracy: {}/{}
({:.0f}%)\n'.format(
        test_loss, correct, len(test_loader.dataset),
        100. * correct / len(test_loader.dataset)))
```

执行成功后，在Visdom网页可以看到实时更新的训练过程的数据变化，每一个epoch测试数据更新一次，如图9-17所示。

（3）案例小结

本例使用Visdom对手写数字数据集的识别过程进行了可视化建模。

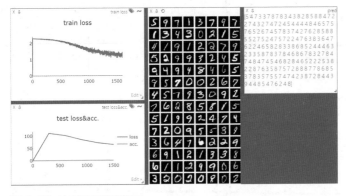

图 9-17　实时更新的训练图

10

Python
自然语言处理

文本挖掘是指从大量文本数据中抽取出有价值的知识，并且利用这些知识重新组织信息的过程。它将无结构化的原始文本转化为结构化、高度抽象和特征化的计算机可以识别和处理的信息，进而利用机器学习等算法进行分析，本章我们介绍一些重要的中文文本分析方法。

扫码观看本章视频

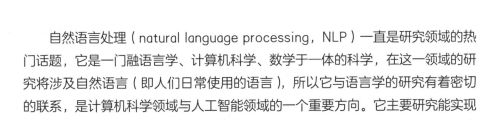

10.1 自然语言处理概述

自然语言处理（natural language processing，NLP）一直是研究领域的热门话题，它是一门融语言学、计算机科学、数学于一体的科学，在这一领域的研究将涉及自然语言（即人们日常使用的语言），所以它与语言学的研究有着密切的联系，是计算机科学领域与人工智能领域的一个重要方向。它主要研究能实现人与计算机之间用自然语言进行有效沟通的各种理论和方法。

自然语言处理是计算机科学、人工智能和语言学等多学科交叉的领域，旨在实现计算机对人类自然语言的理解、生成、处理和应用。NLP涉及自然语言的各个层面，如语音识别、语言生成、文本处理、语义分析、情感分析、机器翻译等。

NLP在现代社会中有着广泛的应用，例如机器翻译、语音识别、智能客服、智能搜索、舆情监测等。它可以帮助人们更快地理解和处理大量的自然语言文本，提高工作效率和精度，同时也可以帮助企业和政府更好地了解市场和民意。NLP的发展历程基本上可以分为四个阶段，如图10-1所示。

第一个阶段（1956年以前），是NLP的萌芽期。1936年A.M.Turing发明了"图灵机"，这一发明对现代计算机发展产生深远影响，图灵创造性的设想使得纯数学的逻辑符号第一次可以与现实世界建立联系。20世纪50年代自动机理论以被提出，它图灵机的计算模型为基础，被认为是现代计算机科学发展的基础。后来Kleene在同一时期又在"图灵机"的模型之上，研究并提出了有限自动机和正则表达式的理念。

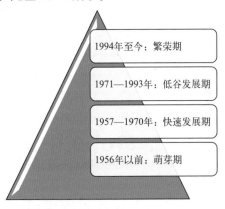

图 10-1　NLP 发展历程

第二个阶段（1957—1970年），是NLP的快速发展期。1956年，Chomsky提出了上下文无关语法，在同一年，随着人工智能的诞生，自然语言处理迅速融入人工智能领域之中。在这个时期，由于上下文无关语法的出现，自然语言处理被分成两个派别，一个派别是基于规则方法的符号派，另外一个派别则是采用概率方法的随机派，近十年来，相关科研人员一直在研究这两种不同的方法中到底哪一种方法更为有效，由此也大大促进了自然语言处理的快速发展。

第三个阶段（1971—1993年），是NLP的低谷发展期。随着自然语言处理研究的不断深入，研究过程中遇到了许多相关科研人员无法在短期内解决的重大问题，旧的问题得不到解决，新的问题又层出不穷，所以在这个时期，NLP相关的研究人员大多对NLP的研究丧失热情和信心，但也有一部分自然语言处理的研究人员依然在科研一线一直坚持着，并且还有一些重要的发现和结果，例如：20世纪70年代的时候，语音识别算法的提出；20世纪80年代的时候，隐马尔科夫的理论模型成功得到应用、话语分析的提出和语音识别技术成功大范围应用。

第四个阶段（1994年至今），是NLP的繁荣期。主要表现在两个方面：首先是概率方法的大规模应用；其次是计算机的速度和存储量的大幅度提高，促使该领域的物质基础得到改善。其八大里程碑的事件：神经语言模型（2001年）、多任务学习（2008年）、Word嵌入（2013年）、NLP的神经网络（2013年）、序列到序列模型（2014年）、注意力机制（2015年）、基于记忆的神经网络（2015年）、预训练语言模型（2018年）。

截至目前，有许多复杂的工具可用于执行NLP任务，例如Jieba、ChatGPT、spaCy、Gensim等，这些工具结合了语言学的理论和计算机科学的模型。一些传统的NLP工具是基于Python库构建的。它们包含大量的语言数据，经过处理和转换后以类似人类文本的形式提供准确的信息。

10.2　Jieba 中文分词

10.2.1　Jieba 分词模式

Python中的Jieba分词作为应用广泛的分词工具，其融合了基于词典的分词方法和基于统计的分词方法的优点，在快速分词的同时，又解决了歧义、未登录词等问题。因而Jieba分词是一个很好的分词工具。

Jieba分词工具支持中文简体、繁体分词，还支持自定义词库，支持精准模式、全模式和搜索引擎模式三种分词模式，具体如下：

· 精准模式：试图将语句精确地切分，不存在冗余数据，适合做文本分析。

·全模式：将语句中所有可能是词的词语都切分出来，速度很快，但是存在冗余数据。

·搜索引擎模式：在精准模式的基础上，对长词再次进行切分。

下面使用Jieba库的三种分词模式对现代作家朱自清于1925年创作的回忆性散文《背影》中的前两段进行分词，代码如下：

```
#导入相关库
import jieba,math
import jieba.analyse

#读取数据
str_text=open('D:/Python数据分析从小白到高手/ch10/BackShadow.txt',
encoding='utf-8').read()

#全模式
print("\n全模式分词: ")
str_quan=jieba.cut(str_text,cut_all=True)
print(" ".join(str_quan))

#精准模式，默认
print("\n精准模式分词: ")
str_jing=jieba.cut(str_text,cut_all=False)
print(" ".join(str_jing))

#搜索引擎模式
print("\n搜索引擎分词: ")
str_soso=jieba.cut_for_search(str_text)
print(" ".join(str_soso))
```

运行上述代码，三种模型下的分词输出如下，可以看出每种模型下的区别。

```
全模式分词:
我 与 父亲 不 相见 已 二年 余 了 ， 我 最 不能 忘记 的 是 他 的 背影 。
那年 冬天 ， 祖母 死 了 ， 父亲 的 差使 也 交卸 了 ， 正是 祸不单行 不单
单行 的 日子 ， 我 从 北京 到 徐州 ， 打算 跟着 父亲 奔丧 回家 。 到 徐州
见 着 父亲 ， 看见 满院 狼藉 的 东西 ， 又 想起 祖母 ， 不禁 簌簌 簌簌地 流
下 眼泪 。 父亲 说 : " 事已如此 如此 ， 不必 难过 ， 好 在 天无绝人 天无
绝人之路 无绝 绝人 之路 ！"
```

精准模式分词：

我 与 父亲 不 相见 已 二年 余 了 ， 我 最 不能 忘记 的 是 他 的 背影 。 那年 冬天 ， 祖母 死 了 ， 父亲 的 差使 也 交卸 了 ， 正是 祸不单行 的 日子 ， 我 从 北京 到 徐州 ， 打算 跟着 父亲 奔丧 回家 。 到 徐州 见 着 父亲 ， 看见 满院 狼藉 的 东西 ， 又 想起 祖母 ， 不禁 簌簌 地 流下 眼泪 。 父亲 说 ： " 事已如此 ， 不必 难过 ， 好 在 天无绝人之路 ！ "

搜索引擎分词：

我 与 父亲 不 相见 已 二年 余 了 ， 我 最 不能 忘记 的 是 他 的 背影 。 那年 冬天 ， 祖母 死 了 ， 父亲 的 差使 也 交卸 了 ， 正是 不单 单行 祸不 单行 的 日子 ， 我 从 北京 到 徐州 ， 打算 跟着 父亲 奔丧 回家 。 到 徐州 见 着 父亲 ， 看见 满院 狼藉 的 东西 ， 又 想起 祖母 ， 不禁 簌簌 地 流下 眼泪 。 父亲 说 ： " 如此 事已如此 ， 不必 难过 ， 好 在 无绝 绝人 之路 天无绝人之路 ！ "

10.2.2　自定义停用词

停用词是指在信息检索中，为节省存储空间和提高搜索效率，在处理自然语言数据之前或之后，过滤掉某些字或词。在Jieba库中可以自定义停用词，代码如下：

```python
#导入相关库
import jieba,math

#读取数据
str_text=open('D:/Python数据分析从小白到高手/ch10/BackShadow.txt',
encoding='utf-8').read()

#创建停用词列表
def stopwordslist():
    stopwords = [line.strip() for line in open('stop_words.
txt', encoding='UTF-8').readlines()]
    return stopwords

#对句子进行中文分词
def seg_depart(sentence):
    print("过滤自定义停用词后: ")
    #精准模式，默认
```

```
        sentence_depart = jieba.cut(sentence.strip(),cut_all=False)
        # 创建一个停用词列表
        stopwords = stopwordslist()
        # 运行结果如下outstr
        outstr = ''
        #去停用词
        for word in sentence_depart:
            if word not in stopwords:
                if word != '\t':
                    outstr += word
                    outstr += " "
        return outstr
print(seg_depart(str_text))
```

　　运行上述代码，过滤停用词后的输出如下所示，可以看出相比于没有过滤之前，词语意思的表达更加清晰。

过滤自定义停用词后：
父亲 相见 二年 余 忘记 背影 那年 冬天 祖母 死 父亲 差使 交卸 祸不单行 日子 北京 徐州 打算 跟着 父亲 奔丧 回家 徐州 父亲 满院 狼藉 想起 祖母 不禁 簌簌 流下 眼泪 父亲 事已如此 难过 天无绝人之路 ！

10.2.3　商品评论关键词词云

　　为了比较更加形象地展示商品评论中的关键词，首先使用Jieba分词库对文本进行分词，然后过滤掉不需要和无意义的词汇，并统计词频，最后使用WordCloud库绘制商品评论的关键词词云进行可视化分析，Python代码如下：

```
import jieba
import pymysql
import pandas as pd
from imageio import imread
from wordcloud import WordCloud
from matplotlib import pyplot as plt

#连接MySQL数据库
conn = pymysql.connect(host='127.0.0.1',port=3306,user='root',password='root',db='jd',charset='utf8')

#读取MySQL表数据
```

255

```
sql_num = "SELECT 评论内容 FROM comment"
data = pd.read_sql(sql_num,conn)
text = str(data['评论内容'])

#读取停用词，创建停用词表
stwlist = [line.strip() for line in open('stop_words.
txt',encoding='utf-8').readlines()]

#文本分词
words = jieba.cut(text,cut_all= False,HMM= True)
#文本清洗
mytext_list=[]
for seg in words:
    if seg not in stwlist and seg!=" " and len(seg)!=1:
        mytext_list.append(seg.replace(" ",""))
cloud_text=",".join(mytext_list)

#读取背景图片
jpg = imageio.imread('Background.jpg')
#绘制词云
wordcloud = WordCloud(
    mask = jpg,
    background_color="white",
    font_path='msyh.ttf',
    width = 1600,
    height = 1200,
    margin = 20
).generate(cloud_text)
plt.figure(figsize=(15,9))
plt.imshow(wordcloud)
#去除坐标轴
plt.axis("off")
#plt.show()
plt.savefig("WordCloud.jpg")
```

在Jupyter Lab中运行上述代码，生成如图10-2所示的词云，可以很直观地看出哪些关键词是客户关注的，其中关键词越大代表数量越多。

256

图 10-2　关键词词云

10.3　聊天机器人 ChatGPT

10.3.1　ChatGPT 简介

多年来，计算机科学家一直致力于让机器理解和使用类人语言，基于人工智能的最新聊天机器人 ChatGPT 将 NLP 推向了一个新的高度。ChatGPT 是一款革命性的在线聊天机器人系统，旨在通过神经网络系统和自然语言处理（NLP）来实现实时聊天机器人。该系统的最大特色是，它能够根据输入的文本或者语音产生符合用户连贯性的回答。这个系统有助于提高人机交互，改善用户体验，为用户提供精准且及时的咨询服务。

OpenAI 于 2018 年 6 月发表的 "Improving Language Understanding by Generative Pre-Training" 论文中提出了第一个 GPT 模型 GPT-1。从这篇论文中得出的关键结论是，Transformer 架构与无监督预训练的结合产生了可喜的结果。GPT-1 以无监督预训练加有监督微调的方式，针对特定任务进行训练，以实现"强大的自然语言理解"。

2019 年 2 月，OpenAI 发表了第二篇论文 "Language Models are Unsupervised Multitask Learners"，其中介绍了由 GPT-1 演变的 GPT-2。尽管 GPT-2 大了一个数量级，但它们在其他方面非常相似。两者之间只有一个区别：GPT-2可以完成多任务处理。OpenAI成功地证明了半监督语言模型可以在"无须特定任务训练"的情况下，在多项任务上表现出色。该模型在零样本任务转移设置中取得了显著效果。

随后，2020年5月，OpenAI发表"Language Models are Few-Shot Learners"，呈现GPT-3。GPT-3比GPT-2大100倍，它拥有1750亿个参数。然而，它与其他GPT并没有本质不同，基本原则大体一致。尽管GPT模型之间的相似性很高，但GPT-3的性能仍超出了所有可能的预期。

2022年11月底，围绕ChatGPT机器人，OpenAI进行了两次更新。11月29日，OpenAI发布了一个命名为"text-davinci-003"（文本-达芬奇-003）的新模式。在11月30日发布它的第二个新功能"对话"模式。它以对话方式进行交互，既能够做到回答问题，也能承认错误、质疑不正确的前提以及拒绝不恰当的请求。

（1）ChatGPT 与 spaCy

ChatGPT与自然语言处理（NLP）工具spaCy的比较值得探讨。spaCy 是一种传统的NLP工具，利用Python库执行高级的NLP任务。而ChatGPT则是由Generative Pre-trained Transformer（GPT）架构辅助的。ChatGPT与spaCy的具体区别如下。

① 使用场景：ChatGPT主要用于会话应用程序。尽管它也支持NLP任务，但它的任务执行效率有所限制。相反地，spaCy能够支持更高级的操作，spaCy的一些NLP操作包括词性标注、分词和实体识别。

② 特性：spaCy提供了两种主要的NLP服务，即文本挖掘和API。而ChatGPT在NLP服务方面的产品特性非常丰富。如果我们谈论ChatGPT提供的一些NLP服务，它们将包括AI广告文案生成器、AI摘要、AI内容生成、API、自然语言生成和神经网络。

③ 集成：spaCy可以与其他技术进行集成，比如JavaScript、CustomGPT、AutoResponder、Facebook Messenger等。而ChatGPT则可以与spaCy可能实现的所有技术进行集成。

④ 部署：ChatGPT和spaCy都支持类似的部署平台，比如SaaS、Apple产品、Windows和Linux等。

（2）ChatGPT 与 Gensim

Gensim是一个广泛用于主题建模的Python库。它利用Latent Dirichlet

Allocation（LDA）等算法进行主题建模。此外，它还能够对文本进行索引、导航到不同的文档，以及识别文本相似性。ChatGPT与Gensim的性能对比如下。

① 无监督信息抽取：Gensim专为无监督文本建模而设计。通过这种方式，它可以执行相似性检索、文档索引和主题建模等NLP任务。Gensim通过将基于NLP的数据与Word2Vec集成来实现这一点。

另一方面，ChatGPT是一个强大的工具，因为它还可以支持无监督学习技术。聊天机器人由强大的语言模型支持来完成任务。例如，可以在ChatGPT中使用提示并检索输出/响应。然后可以在Python中使用此响应。这样可以看出ChatGPT是支持无监督抽取的。

② 外围支持：Gensim的潜在应用是Word2Vec、Document2Vec、TF-IDF矢量化、潜在语义分析（LSA）和潜在狄利克雷分配（LDA）。

另一方面，ChatGPT无法提供对TF-IDF向量化的支持。在NLP中用于文本提取的功能在 ChatGPT 中不支持。如果用户使用ChatGPT，则必须使用其他应用程序或软件进行TF-IDF向量化。这样，ChatGPT生成的文本就可以用于聚类、分类和信息检索。

虽然ChatGPT不支持TF-IDF向量化，但它提供了LSA。NLP中的LSA过程涉及识别文本中单词和短语之间的关系。这些变量的识别是通过检查使用模式、文档分类、文本摘要和信息检索来进行的。ChatGPT旨在承担这些基于NLP的任务。

③ 数据集的大小：ChatGPT和Gensim都可以使用大型数据集。

④ 是否支持深度学习：两种NLP工具都基于深度学习算法。

10.3.2　Python 如何调用 ChatGPT

作为一名程序员，在开发过程中时常需要使用ChatGPT来完成一些任务，如果总是使用网页交互模式去Web端访问ChatGPT是很麻烦的，这时候我们就需要可以使用代码来调用ChatGPT模型，以实现在本地和Web端一样的效果。

Python调用ChatGPT的主要步骤如下。

第一步：获取API Key，使用我们注册的ChatGPT账号密码登录OpenAI官网，获得API Key，每一个账号在注册成功之后都会有自己专属的API Key。

第二步：安装OpenAI第三方库，可以使用命令pip install openai进行安装。

第三步：编写Python调用程序，并在Python开发环境中调用ChatGPT模型。

10.3.3　Python 调用 ChatGPT 举例

（1）智能搜索

ChatGPT可以帮助企业实现智能搜索，从而提高客户的搜索体验。

根据自己提的问题，ChatGPT回答，代码如下：

```python
import openai
openai.api_key = "填入自己的API密钥"
def askChatGPT(question):
    prompt = question
    model_engine = "text-davinci-003"

    completions = openai.Completion.create(
        engine=model_engine,
        prompt=prompt,
        max_tokens=2048,
        n=1,
        stop=None,
        temperature=0.5,
    )

    message = completions.choices[0].text
    print(message)
askChatGPT("我国的国土面积有多大")
```

很快就会回复：

截至2021年，我国的国土面积为960万平方千米。

（2）语言翻译

ChatGPT可以帮助企业实现中英及多语种之间的翻译，更好地服务国际客户。

如果我要翻译功能，可以修改问题，代码如下：

```python
askChatGPT("翻译德文：人工智能是一个以计算机科学为基础。")
```

得到的回复如下:

```
Künstliche Intelligenz basiert auf der Informatik.
```

●（3）自动写作

ChatGPT可以帮助企业自动生成高质量的文章，节省写作时间，提高文章内容质量。

如果我要写个小故事，可以修改问题，代码如下:

```
askChatGPT("以"我放弃了我爱的城市"开头，写一个故事，要求不少于100字")
```

这个比较费时间，得到的回复如下:

我放弃了我爱的城市，离开了那个曾经让我感到无比温暖的地方。那里有我最亲爱的家人和朋友，有我最喜欢的食物和景色。但是，我必须离开，因为我有一个更重要的使命。

我是一名医生，我被派往一个贫困的地区，那里的人们缺乏医疗资源，生病的人们无法得到及时的治疗。我知道，我必须去那里，帮助那些需要帮助的人们。

虽然我很舍不得我的家人和朋友，但我知道他们会理解我的决定。我离开了我爱的城市，来到了这个陌生的地方。虽然这里的环境和条件都很艰苦，但我感到非常满足，因为我能够帮助那些需要帮助的人们。

我知道，我放弃了我爱的城市，但我也获得了更多的成就感和内心的满足。我相信，我的家人和朋友也会为我感到骄傲。

●（4）自动编程

以前用户必须掌握Python语言的基础语法，了解Python环境的使用，才能编写程序进行API调用或利用爬虫搜集数据。而有了ChatGPT后，用户可以通过自然语言对话的形式，给出要求，人工智能会直接给出源代码，并复制到实验环境，从而获取所需数据。

例如，我们要了解"囚徒困境"，并用Python解释这个问题，代码如下:

```
askChatGPT("用Python解决囚徒困境")
```

得到的回复如下:

囚徒困境是博弈论中的一个经典问题，可以用Python来解决。下面是一个简单的例子:

假设有两个囚犯A和B，他们被关在两个不同的房间里，不能相互通信。警察询问他们是否犯罪，如果两人都拒绝认罪，则每人判刑1年；如果两人都认罪，则每人判刑3年；如果一个人认罪，另一个人拒绝认罪，则认罪的人判刑0年，拒绝认罪的人判刑5年。如何让两人做出最优的选择？

261

我们可以使用博弈论中的纳什均衡来解决这个问题。纳什均衡是指在博弈中，每个参与者都做出了最优的选择，而且没有人可以通过改变自己的策略来获得更好的结果。

下面是一个简单的Python代码，使用博弈论中的纳什均衡来解决囚徒困境问题：

```Python
import numpy as np
# 定义囚徒困境的收益矩阵
payoff_matrix = np.array([[1, 5], [0, 3]])
# 计算纳什均衡
nash_equilibria = np.argwhere(payoff_matrix == np.max(payoff_matrix))
# 输出结果
print("纳什均衡: ", nash_equilibria)
```

运行结果如下：

```
纳什均衡:  [[0 1]
 [1 1]]
```

这意味着，当A选择拒绝认罪，B选择认罪时，或者当A和B都选择认罪时，都是纳什均衡。这是因为在这些情况下，每个囚犯都做出了最优的选择，而且没有人可以通过改变自己的策略来获得更好的结果。

10.4 spaCy

10.4.1 spaCy 简介

spaCy是一个NLP领域的文本预处理Python库，包括分词（tokenization）、词性标注（part-of-speech tagging, POS Tagging）、依存分析（dependency parsing）、词形还原（lemmatization）、句子边界检测（sentence boundary detection, SBD）、命名实体识别（named entity recognition, NER）等功能。

截至2023年5月份，spaCy的最新版本是v3.5，该版本引入了3个新的CLI命令，即apply、benchmark和find threshold，添加了模糊匹配，改进了我们的实体链接功能，并包括一系列语言更新和错误修复。使用pip install spaCy就可以安装spaCy库。

spaCy模块有5个非常重要的类：nlp类，自然语言处理流程；Doc类，访问语言注释的容器；Span类，Doc对象的一个切片；Token类，单独的Token，例如单词、符号、空格等；Vocab类，存储词汇表和语言共享的数据。

（1）nlp 类

该对象为spaCy.Language类，spaCy.load方法会返回该类对象，nlp("...")本质就是调用Language.__call__方法。

该对象包含了自然语言处理的流程，以及分词等任务的特定语言的规则。spaCy的核心就是包含了自然语言处理流程的对象。我们通常把这个变量叫作nlp。

这个nlp对象包含了流程中的所有不同组件。它还包含了一些特定语言相关的规则，用来将文本分词成为单个的词语和标点符号。spaCy支持多种不同语言。

（2）Doc 类

该对象为spaCy.tokens.Doc，里面包含分词、词性标注、词形还原等结果，Doc是一个可迭代对象。对一个文本数据进行分词之后，Doc对象是Token的序列，Span对象是Doc对象的一个切片：

```
import spacy
nlp=spacy.load("zh_core_web_lg")
doc=nlp("I like 深度学习 and 人工智能")
```

（3）Span 类

一个Span实例是文本包含了一个或更多的词符的一段截取，它仅仅是Doc的一个视图而不包含实际的数据本身。

要创建一个Span，我们可以使用Python截取的语法。例如，doc[2:3]会创建一个从索引2开始一直到索引3之前（不包括索引3）的词符截取。

```
span=doc[2:3]
print(span)
```

运行结果如下：

```
深度
```

（4）Token 类

该对象为spaCy.tokens.token.Token，可以通过该对象获取每个词的具体

263

属性（单词、词性等）。Token是一个单词、标点符号、空格等，在自然语言处理中，把一个单词、一个标点符号、一个空格等叫作一个Token。

```
import spacy
nlp=spacy.load("zh_core_web_lg")
doc=nlp("I like 深度学习 and 人工智能")
token_1 = doc[2:4]
print(token_1)
token_2 = doc[5:7]
print(token_2)
```

运行结果如下：

```
深度学习
人工智能
```

（5）Vocab 类

Vocab对象用于存储词汇表和语言共享的数据，可以在不同的Doc对象之间共享数据，词汇表使用Lexeme对象和StringStore对象来表示。

```
import spacy
nlp=spacy.load("zh_core_web_lg")
text=nlp.vocab[u'人工智能']
```

text是一个Lexeme对象，Vocab还包含一个strings属性，用于表示把单词映射到64位的哈希值，这使得每一个单词在spaCy中只存储一份。

① Lexeme类型 Lexeme对象是词汇表Vocab中的一个词条（entry），可以通过该similarity()函数计算两个词条的相似性：

```
token_1.similarity(token_2)
```

运行结果如下：

```
0.16737280786037445
```

Lexeme对象的属性，通常属性是成对存在的，不带下划线的是属性的ID形式，带下划线的是属性的文本形式，介绍如下。

· text：文本内容（Verbatim text content）；

· orth、orth_：文本ID和文本内容；

· lower、lower_：文本的小写；

· is_alpha、is_ascii、is_digit、is_lower、is_upper、is_title、is_punct、is_space：指示文本的类型，返回值是boolean类型；

264

· like_url、like_num、like_email：指示文本是否为url、数字和email，返回值是boolean类型；

· sentiment：标量值，用于指示词汇的积极性；

· cluster：布朗Cluster ID。

② StringStore类型　StringStore类是一个string-to-int的对象，通过64位的哈希值来查找单词，或者把单词映射到64位的哈希值：

```
from spacy.strings import StringStore
stringstore = StringStore([u"深度学习", u"人工智能"])
text_hash = stringstore[u"深度学习"]
print(text_hash)
```

运行结果如下：

```
12830385338974371185
```

Vocab的strings属性是一个StringStore对象，用于存储共享的词汇数据：

```
text_id=nlp.vocab.strings[u'人工智能']
print(text_id)
```

运行结果如下：

```
6136020011764561265
```

③ Vocab类型在初始化Vocab类时，传递参数strings是list或者StringStore对象，得到Vocab对象：

```
from spacy.vocab import Vocab
vocab = Vocab(strings=[u"深度学习", u"人工智能"])
vocab.strings[u"深度学习"]
```

运行结果如下：

```
12830385338974371185
```

基于上述介绍的基础知识，再说明一下spaCy的架构，如图10-3所示。

Doc对象是由Tokenizer构造，然后由管道（pipeline）的组件进行适当的修改。Language对象协调这些组件，它接收原始文本并通过管道发送，返回带注释（annotation）的文档。文本注释（text annotation）被设计为单一来源：Doc对象拥有数据，Span是Doc对象的视图。

10.4.2 spaCy 语言模型

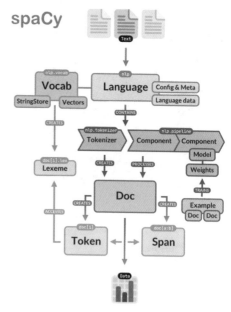

如图10-4所示，spaCy处理文本的过程是模块化的，当调用nlp处理文本时，spaCy首先将文本标记化以生成Doc对象，然后，依次在几个不同的组件中处理Doc，这也称为处理管道。语言模型默认的处理管道依次是tagger、parser、ner等，每个管道组件返回已处理的Doc，然后将其传递给下一个组件。

（1）加载语言模型

spaCy使用的语言模型是预先训练的统计模型，能够预测语言特征，

图 10-3　spaCy 架构图

安装之后还要下载官方的训练模型，不同的语言有不同的训练模型，这里只用对应中文的模型演示，下载模型的命令如下：

图 10-4　spaCy 语言模型

```
Python -m spaCy download zh_core_web_sm
```

其中，zh_core_web_sm是模型的名称。每种语言会有几种不同的模型，例如中文的模型除了刚才下载的zh_core_web_sm外，还有zh_core_web_trf、zh_core_web_md等，它们的区别在于准确度和体积大小，zh_core_web_sm体积小，准确度相比zh_core_web_trf差，zh_core_web_trf相对就体积大，这样可以适应不同场景。

但是，由于在国内，可能会有下载慢的问题，可以到spaCy的网站下载，然后使用pip install some_model.whl进行手动安装，例如下载zh_core_web_sm模型如图10-5所示。

266

图 10-5　下载 spaCy 中文语言模型

使用spacy.load()函数来加载语言模型：

```
spacy.load(name,disable)
```

其中，name参数是语言模型的名词，disable参数是禁用的处理管道列表。例如，创建zh_core_web_lg语言模型，并禁用ner：

```
nlp = spacy.load("zh_core_web_lg", disable=['ner'])
```

语言模型中不仅预先定义了Language管道，还定义了处理文本数据的处理管道（pipeline），其中分词器是一个特殊的管道，它是由Language管道确定的，不属于pipeline。

zh_core_web_lg-3.5.0的配置文件config.cfg主要参数如下：

```
[nlp]
lang = "zh"
pipeline = ["tok2vec","tagger","parser","senter","attribute_
ruler","ner"]
disabled = ["senter"]
before_creation = null
after_creation = null
after_pipeline_creation = null
batch_size = 256
```

在加载语言模型nlp之后，可以查看该语言模型预先定义的处理管道，也就是说，处理管道依赖于统计模型。

查看nlp对象的管道：

```
nlp.pipe_names
```

运行结果如下：

```
['tagger', 'parser', 'ner']
```

移除nlp的管道：

```
nlp.remove_pipe(name)
```

向nlp的处理管道中增加管道：

```
nlp.add_pipe(component, name=None, before=None, after=None,
first=None, last=None)
```

（2）扩展语言

每一种语言都是不同的，通常充满异常和特殊情况，尤其是最常见的单词。其中一些例外是跨语言共享的，而其他例外则完全具体，通常非常具体，需要进行硬编码。 spaCy.lang模块包含所有特定于语言的数据，以简单的Python文件组织，这使得数据易于更新和扩展。

每一个单独的组件可以在语言模块中导入遍历，并添加到语言的Defaults对象中，某些组件（如标点符号规则）通常不需要自定义，可以从全局规则中导入。 其他组件，比如tokenizer和norm例外，则非常具体，会对spaCy在特定语言上的表现和训练语言模型产生重大影响。

例如，导入English模块，查看该模块的帮助：

```
from spacy.lang.en import English
help(English)
```

通过这些模块来扩展语言，处理特殊的语法，通常在分词器（tokenizer）中添加特殊规则和Token_Match函数来实现。

设置特殊的规则来匹配Token，创建一个自定义的分词器，使分词把https作为一个Token，代码如下：

```
import re
import spacy
from spacy.lang.en import English
```

```
def my_en_tokenizer(nlp):
    prefix_re = spacy.util.compile_prefix_regex(English.Defaults.prefixes)
    suffix_re = spacy.util.compile_suffix_regex(English.Defaults.suffixes)
    infix_re = spacy.util.compile_infix_regex(English.Defaults.infixes)
    pattern_re = re.compile(r'^https?://')
    return spacy.tokenizer.Tokenizer(nlp.vocab,
                                     English.Defaults.tokenizer_exceptions,
                                     prefix_re.search,
                                     suffix_re.search,
                                     infix_re.finditer,
                                     token_match=pattern_re.match)
```

在处理文本时调用该分词器，把匹配到正则的文本作为一个Token来处理：

```
nlp = spacy.load("zh_core_web_lg")
nlp.tokenizer = my_en_tokenizer(nlp)
doc = nlp(u"Spacy is breaking, access https://github.com/
explosion/spaCy to get details")
print([t.text for t in doc])
```

运行结果如下：

```
['Spacy', 'is', 'breaking', ',', 'access', 'https://github.com/
explosion/spaCy', 'to', 'get', 'details']
```

10.4.3 spaCy 依存分析

句法是指句子的各个组成部分的相互关系，句法分析分为句法结构分析和依存关系分析。句法结构分析用于获取整个句子的句法结构，依存分析用于获取词汇之间的依存关系，目前的句法分析已经从句法结构分析转向依存关系分析。

依存语法通过分析语言单位内成分之间的依存关系揭示其句法结构，主张句子中核心动词是支配其他成分的中心成分，而它本身却不受其他任何成分的支配，所有受支配成分都以某种依存关系从属于支配者。

在20世纪70年代，Robinson提出依存语法中关于依存关系的4条公理：

· 一个句子中只有一个成分是独立的；

· 其他成分直接依存于某一成分；

· 任何一个成分都不能依存于两个或两个以上的成分；

· 如果A成分直接依存于B成分，而C成分在句中位于A和B之间，那么C或者直接依存于B，或者直接依存于A和B之间的某一成分。

（1）依存关系

依存关系是一个中心词与其从属之间的二元非对称关系，一个句子的中心词通常是动词（verb），所有其他词要么依赖于中心词，要么通过依赖路径与它关联。

依存结构是加标签的有向图，箭头从中心词指向从属，具体来说，箭头是从head指向child，从该解析树可以看出，每个Token只有一个head。

关系标签表示从属的语法功能，标签主要介绍如下。

· root：中心词，通常是动词；

· nsubj：名词性主语（nominal subject）；

· dobj：直接宾语（direct object）；

· prep：介词；

· pobj：介词宾语；

· cc：连词；

· compound：复合词；

· advmod：状语；

· det：限定词；

· amod：形容词修饰语。

（2）解析依存关系

spaCy能够快速准确地解析句子的依存关系，并且具有丰富的API用于导航依存关系树，spaCy使用head和child来描述依存关系中的连接，识别每个Token的依存关系。

· token.text：Token的文本；

· token.head：当前Token的Parent Token，从语法关系上来看，每一个Token都只有一个head；

· token.dep_：依存关系；

· token.children：语法上的直接子节点；

· token.ancestors：语法上的父节点；

· _pos：词性；

· _tag：标签。

让我们使用spaCy来对句子进行依存分析：

270

```
import spacy

nlp = spacy.load('zh_core_web_lg')
doc = nlp("ChatGPT是人工智能技术驱动的自然语言处理工具。")
for token in doc:
    print('{0}({1}) <-- {2} -- {3}({4})'.format(token.text,
token.tag_, token.dep_, token.head.text, token.head.tag_))
```

运行上述程序，会打印每个Token的依存关系和head节点，箭头表示从属关系，得到的结果如下：

```
ChatGPT(NN) <-- nsubj -- 工具(NN)
是(VC) <-- cop -- 工具(NN)
人工(JJ) <-- amod -- 驱动(NN)
智能(NN) <-- compound:nn -- 技术(NN)
技术(NN) <-- compound:nn -- 驱动(NN)
驱动(NN) <-- nmod:assmod -- 工具(NN)
的(DEC) <-- mark -- 驱动(NN)
自然(NN) <-- compound:nn -- 工具(NN)
语言(NN) <-- compound:nn -- 工具(NN)
处理(NN) <-- compound:nn -- 工具(NN)
工具(NN) <-- ROOT -- 工具(NN)
。(PU) <-- punct -- 工具(NN)
```

在spaCy中，我们可以使用displacy.render( )方法来显示依存关系，代码如下：

```
import spacy
from spacy import displacy

nlp = spacy.load('zh_core_web_lg')
doc = nlp( "ChatGPT是人工智能技术驱动的自然语言处理工具。" )
displacy.render(nlp(doc), style='dep', jupyter=True, options =
{'distance': 150})
```

运行结果如图10-6所示。

也可以使用displacy.serve( )方法来显示依存关系，在浏览器中输入http://localhost:5000显示依存结构，代码如下：

```
displacy.serve(doc, style='dep')
```

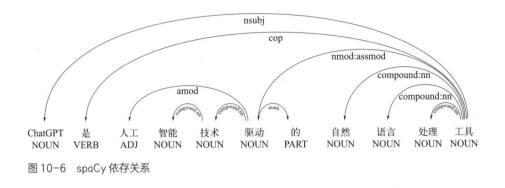

图 10-6　spaCy 依存关系

10.5　Gensim

10.5.1　Gensim 简介

Gensim是一款开源的第三方Python主题模型工具包，由Ivan Menshikh所在团队开发，并于2015年作为第三方扩展包开源，用于从原始的非结构化的文本中，无监督地学习到文本隐藏层的主题向量表达。它支持包括TF-IDF、LSA、LDA和Word2Vec在内的多种主题模型算法，支持流式训练，并提供了诸如相似度计算、信息检索等一些常用任务的API接口。

Gensim提供了一些常用的文本处理算法和工具，如文本相似度计算、主题建模、文本分类等。Gensim的主要特点是它的速度快、内存占用低、易于使用和扩展。它支持多种文本格式，包括txt、csv、json、xml等。Gensim的主要应用领域包括信息检索、文本挖掘、自然语言生成等，以下是Gensim的主要功能。

① 主题建模：Gensim可以使用Latent Dirichlet Allocation（LDA）算法进行主题建模，从而发现文本中的主题和主题之间的关系。

② 文本相似度计算：Gensim可以使用Word2Vec算法计算文本之间的相似度，从而可以用于文本匹配、推荐系统等任务。

③ 文本摘要：Gensim可以使用TextRank算法进行文本摘要，从而提取文本中的关键信息。

④ 文本分类：Gensim可以使用Doc2Vec算法进行文本分类，从而将文本分为不同的类别。

⑤ 处理大规模文本数据：Gensim可以处理大规模的文本数据，支持分布式计算，从而可以处理海量的文本数据。

⑥ 简单易用：Gensim提供了简单易用的API，使得用户可以快速地进行文本处理和分析。

⑦ 开源免费：Gensim是一个开源免费的Python库，可以在商业和非商业环境中使用。

综上所述，Gensim是一个功能强大、易用、高效的自然语言处理库，可以帮助用户快速地进行文本处理和分析。

10.5.2 Gensim 文本处理步骤

Gensim是一个通过衡量词组（或更高级结构，如整句或文档）模式来挖掘文档语义结构的工具，其三大核心概念是：语料、向量和模型。

（1）语料

利用Jieba包将原始文档进行分词，处理后生成语料库。在字典中token是指标记，表示字典中的词，id则是每一个词在字典中独一无二的编号。

```
#导入第三方包
import jieba
from gensim import corpora

#需要分析的语句
documents = ['人工智能多学科交叉融合的交叉学科','人工智能技术可以提高生产
效率','人工智能技术可以加快社会发展']

#语句分词
def word_cut(doc):
    seg = [jieba.lcut(w) for w in doc]
    return seg
texts= word_cut(documents)

#为语料库中出现的所有单词分配一个唯一的整数id
dictionary = corpora.Dictionary(texts)

#查看字典，即每个词汇与其对应ID之间的映射关系
print(dictionary.token2id)
```

运行结果如下：

{'交叉': 0, '交叉学科': 1, '人工智能': 2, '多': 3, '学科': 4, '的': 5, '融合': 6, '可以': 7, '技术': 8, '提高': 9, '效率': 10, '生产': 11, '加快': 12, '发展': 13, '社会': 14}

此外，还可以通过一些其他方法来查看字典对象的一些属性，例如：

```
dictionary.dfs         返回字典：{单词id: 在多少文档中出现}
dictionary.num_docs    返回文档数目
dictionary.num_pos     返回词的总数（不去重）
dictionary.id2token    返回字典：{id: 单词}
dictionary.items()     返回对象：[(id,词)]，查看需要循环
```

⬤ （2）向量

把文档表示成向量，使用doc2bow()函数只计算每句话中每个不同单词的出现次数，代码如下：

```
#将单词转换为整数单词id，并将结果作为稀疏向量返回
bow_corpus = [dictionary.doc2bow(text) for text in texts]
print(bow_corpus)
```

运行结果如下：

```
[[(0, 1), (1, 1), (2, 1), (3, 1), (4, 1), (5, 1), (6, 1)], [(2, 1),
(7, 1), (8, 1), (9, 1), (10, 1), (11, 1)], [(2, 1), (7, 1), (8, 1),
(12, 1), (13, 1), (14, 1)]]
```

⬤ （3）模型

TF-IDF是一种统计方法，用以评估一个字词对于一个文件集或一个语料库中的其中一份文件的重要程度，其中TF是词频，IDF是逆文本频率指数。

下面获取语料库每个文档中每个词的tfidf值，即用tfidf模型训练语料库，代码如下：

```
#导入第三方包
from gensim import models

#训练模型
tfidf = models.TfidfModel(bow_corpus)
print(tfidf)
```

运行结果如下：

```
TfidfModel<num_docs=6, num_nnz=38>
```

10.5.3 中文 LDA 分析及可视化

下面将通过实际案例详细介绍基于Python的中文文本主题分析，案例数据是朱自清《背影》中的一段文字，使用LDA进行文档主题的抽取，并利用PyLDAvis对抽取后的主题进行动态可视化分析。

计算机是无法直接理解我们平常使用的文本的，它只能识别数字，为了能顺利让它可以理解我们提供的文本，我们需要对自己的文本进行一系列的转换。首先，我们需要对中文文本进行分词处理，代码如下：

```
import jieba

#语料
raw_corpus = [
    '我说道，"爸爸，你走吧。"',
    '他往车外看了看说："我买几个橘子去。你就在此地，不要走动。"',
    '我看那边月台的栅栏外有几个卖东西的等着顾客。',
    '走到那边月台，须穿过铁道，须跳下去又爬上去。',
    '父亲是一个胖子，走过去自然要费事些。我本来要去的，他不肯，只好让他去。',
    '我看见他戴着黑布小帽，穿着黑布大马褂，深青布棉袍，蹒跚地走到铁道边，慢慢探身下去，尚不大难。',
    '可是他穿过铁道，要爬上那边月台，就不容易了。',
    '他用两手攀着上面，两脚再向上缩；他肥胖的身子向左微倾，显出努力的样子。',
    '这时我看见他的背影，我的泪很快地流下来了。我赶紧拭干了泪。',
    '怕他看见，也怕别人看见。',
    '我再向外看时，他已抱了朱红的橘子往回走了。',
    '过铁道时，他先将橘子散放在地上，自己慢慢爬下，再抱起橘子走。',
    '到这边时，我赶紧去搀他。他和我走到车上，将橘子一股脑儿放在我的皮大衣上。',
    '于是扑扑衣上的泥土，心里很轻松似的。',
    '过一会说："我走了，到那边来信！"我望着他走出去。',
    '他走了几步，回过头看见我，说："进去吧，里边没人。"',
    '等他的背影混入来来往往的人里，再找不着了，我便进来坐下，我的眼泪又来了。']
```

275

```
#Jieba分词
for sentence in raw_corpus:
    print(list(jieba.cut(sentence)))
```

运行结果如下：

```
['我', '说道', '，', '"', '爸爸', '，', '你', '走', '吧', '。', '"']
['他往', '车外', '看', '了', '看', '说', '：', '"', '我', '买', '几
个', '橘子', '去', '。', '你', '就', '在', '此地', '，', '不要', '走
动', '。', '"']
…       …       …       …       …
['等', '他', '的', '背影', '混入', '来来往往', '的', '人里', '，', '
再', '找不着', '了', '，', '我', '便', '进来', '坐下', '，', '我',
'的', '眼泪', '又', '来', '了', '。']
```

其次，对上面文本的关键词进行清洗，剔除极其普遍，且与其他词相比没有什么实际含义的词，包括非中文字符、自定义的停用词等，代码如下：

```
#导入第三方包
import re

corpus = []
for sentence in raw_corpus:
    #剔除标点符号等，仅保留中文
    sentence = ''.join(re.findall(r'[\u4e00-\u9fa5]+', sentence))
    #读取停止词
    stop_words = [line.strip() for line in open('stop_words.
txt',encoding='utf-8').readlines()]
    #去掉停止词
    corpus.append([item for item in jieba.cut(sentence) if item
not in stop_words])
print(corpus)
```

运行结果如下：

```
[['说道', '爸爸'], ['他往', '车外', '几个', '橘子', '走动'], ['月台',
'栅栏', '外有', '几个', '卖东西', '顾客'], ['月台', '穿过', '铁道', '
跳下去', '爬上去'], ['父亲', '胖子', '自然', '费事', '本来', '不肯',
'只好'], ['黑布', '小帽', '穿着', '黑布', '马褂', '青布', '棉袍', '蹒
跚', '铁道', '慢慢', '探身', '大难'], ['穿过', '铁道', '月台'], ['两
手', '攀着', '两脚', '向上', '肥胖', '身子', '左微', '显出', '努力',
'样子'], ['背影', '很快', '流下来', '赶紧', '拭干'], [], ['向外看',
```

'朱红', '橘子', '往回'], ['铁道', '橘子', '放在', '地上', '慢慢', '橘子'], ['赶紧', '车上', '橘子', '一股脑儿', '放在', '皮大衣'], ['衣上', '泥土', '轻松'], ['一会', '来信', '我望'], ['几步', '回过', '里边'], ['背影', '混入', '来来往往', '人里', '找不着', '坐下', '眼泪']]

然后，再利用清洗后的关键词列表生成字典，通过corpora.Dictionary()方法创建字典，并进行保存，代码如下：

```
#导入第三方包
from gensim import corpora

#把字典存储下来，可以在以后直接导入
dictionary = corpora.Dictionary(corpus)
dictionary.save('BackShadow.dict')
print(dictionary)
```

运行结果如下：

```
Dictionary<71 unique tokens: ['爸爸', '说道', '他往', '几个', '橘子']...>
```

接下来还需要进行语料库的处理，将词列表转换成稀疏词袋向量，代码如下：

```
#将词列表转换成稀疏词袋向量
corpus = [dictionary.doc2bow(s) for s in corpus]
#存储语料库
corpora.MmCorpus.serialize('BackShadow.mm', corpus)
```

通过Gensim中的LdaModel进行主题建模，LdaModel是一种基于概率图模型的主题模型，全称为latent dirichlet allocation model。它是一种无监督学习算法，用于从文本数据中发现隐藏的主题结构。LdaModel假设每个文档都由多个主题组成，每个主题又由多个单词组成。通过对文本数据进行分析，LdaModel可以推断出每个文档中的主题分布以及每个主题中单词的分布。

LdaModel的核心思想是，每个文档都可以看作是由多个主题按照一定的比例组成的，而每个主题又可以看作是由多个单词按照一定的比例组成的。在LdaModel中，主题和单词的分布都是从Dirichlet分布中随机生成的。通过对文本数据进行观察，LdaModel可以推断出每个文档中的主题分布以及每个主题中单词的分布。

LdaModel的应用非常广泛，例如应用于文本分类、信息检索、情感分析等领域。它可以帮助我们从大量的文本数据中提取出有用的信息，为我们的决策提供支持。

LdaModel模型的参数较多，主要参数如表10-1所示。

表10-1　LdaModel模型参数

参数	说明
corpus	一组文档的语料库，每个组内的元素是(word_id,count)的形式，表示一个文档中每个词出现的次数
num_topics	主题的数量，即LDA模型要学习的主题的数量
id2word	一个映射，将每个词的id映射到该词的字符串表示
distributed	布尔值，表示是否使用分布式处理
chunksize	在分布式处理时使用的块大小
passes	在拟合模型时要执行的迭代次数
update_every	在拟合模型时，多长时间后执行一次权重更新
alpha	主题的分布的先验参数
eta	词的分布的先验参数
decay	在每次迭代时，更新过时的参数的衰减因子
offset	一个常量，用于调整平滑参数
eval_every	在训练模型时，多长时间后评估一次模型
iterations	在拟合模型时要执行的迭代次数
gamma_threshold	在拟合模型时，要使用的最小gamma值
random_state	随机数生成器的种子

下面利用LdaModel模型对上述的文本进行主题建模，代码如下：

```
#导入第三方包
from gensim.models import LdaModel

#设置训练参数
num_topics = 10
chunksize = 2000
passes = 20
iterations = 400
eval_every = None

#为词典编制索引
temp = dictionary[0]
id2word = dictionary.id2token

#LDA模型参数设置
model = LdaModel(
```

278

```
corpus=corpus,
id2word=id2word,
chunksize=chunksize,
alpha='auto',
eta='auto',
iterations=iterations,
num_topics=num_topics,
passes=passes,
eval_every=eval_every)

#保存模型
model.save('BackShadow.model')
```

计算主题的平均主题连贯性，代码如下：

```
top_topics = model.top_topics(corpus)

#平均主题连贯性是所有主题的主题连贯性之和除以主题数量。
avg_topic_coherence = sum([t[1] for t in top_topics]) / num_
topics
print('平均主题连贯性: %.4f.' % avg_topic_coherence)
```

运行结果如下：

```
平均主题连贯性: -20.4394.
```

最后，使用PyLDAvis包，对文本主题进行可视化分析。PyLDAvis是一种用于可视化主题模型的工具，可以将主题模型的结果转换成交互式图表，使用户能够更好地理解和分析模型结果，已被广泛应用于社交媒体分析、新闻报道分析、市场调查等领域。

上述文本主题的可视化代码如下：

```
#导入第三方包
import PyLDAvis.gensim

#设置可视化参数
vis = PyLDAvis.gensim.prepare(model, corpus, dictionary)
PyLDAvis.show(vis,ip='127.0.0.1',local=False)
```

运行结果如下：

```
Serving to http://127.0.0.1:8889/          [Ctrl-C to exit]
```

279

程序运行后，系统会自动弹出一个可视化页面，对上述文本的LDA建模结果进行可视化展示，如图10-7所示。

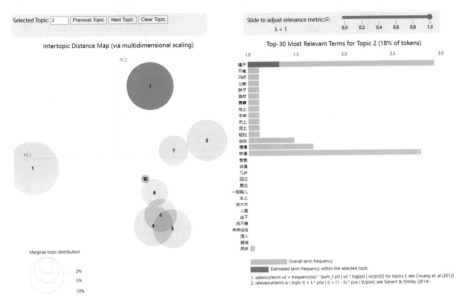

图10-7　LDA主题可视化分析

　　图10-7中，左边分布的气泡是不同的主题，右边就是主题内前30个特征词了。浅蓝色的表示这个词在整个文档中出现的频率（权重），深红色的表示这个词在这个主题中所占的权重。右上角可以调节一个参数λ。

（1）每个主题表示什么意义

　　通过鼠标可以悬浮在左边的气泡上，我们可以选择查看具体的某个主题。选定后，右侧面板会相应地显示出跟这个主题相关的词汇，通过总结这些词汇表达的意义，我们就可以归纳出该主题的意义。

　　同时，哪些词对主题的权重更高呢？某个词语主题的相关性，就由λ参数来调节。

　　·如果λ越接近1，那么在该主题下更频繁出现的词，跟主题更相关；

　　·如果λ越接近0，那么该主题下更特殊、更独有的词，跟主题更相关。

　　所以，我们可以通过调节λ的大小来改变词语跟主题的相关性。

（2）每个主题有多么普遍

　　在进行主题建模之后，我们就可以知道每个主题出现的频率。LDAvis将这个数字，用圆圈的大小来表示，同时也按顺序标号为 1 ~ n，所以气泡的大小及编号即表示主题出现的频率。

●（3）主题之间有什么关联

LDAvis 用多维尺度分析，提取出主成分做维度，将主题分布到这两个维度上，主题相互之间的位置远近，就表达了主题之间的接近性。气泡距离采用的是 JSD 距离，可认为是主题间的差异度，气泡有重叠说明这两个话题里的特征词有交叉。

知道这些后，需要看看这些词是在表达什么意思，从而提炼出不同的主题来，这才是有实际应用价值的结果。

Python 自然语言处理

11

案例：金融量化交易分析

量化交易是目前金融领域的前沿研究之一，很多金融机构都想利用量化技术将策略用计算机语言表达出来，例如利用Python编程语言实现股票策略的程序化，让计算机按照制定的策略自主交易，充分规避了个人情绪等负面因素以及实时看盘的疲劳对投资交易的影响，这可以让投资者从繁琐的工作中解脱出来，并且提高工作效率以及投资的回报率。

扫码观看本章视频

11.1 案例背景概述

11.1.1 案例研究意义

自1990年，我国的上交所和深交所相继成立，北交所于2021年11月15日正式挂牌交易，股票市场在这三十年时间里得到了巨大的发展，截至2023年4月底，在我国A股市场挂牌上市的公司超过5000余家，几乎囊括了国民经济的各个行业。在2022年全年，A股上市公司共实现营业收入71.53万亿元，同比增长7.2个百分点；实现净利润5.63万亿元，同比增长0.8个百分点。

我国股市个人投资者的占比较高，投资者的整体文化素质不高，而技术分析凭借其门槛低、容易掌握等特点，被我国投资者所广泛使用，技术分析成为我国投资者的主要投资分析方法。伴随着金融市场和金融科技的不断发展，依靠计算机技术的投资手段——量化交易逐渐兴起，并被广泛推广和使用。量化交易起源于美国，随着计算机技术的发展不断得到推广和完善，许多机构和个人投资者利用量化交易的特性获得了稳定的收益。

量化交易是以先进的数学模型替代人为的主观判断，将投资工作交由计算机来完成，利用计算机技术从庞大的历史数据中海选能带来超额收益的多种"大概率"事件以制定策略，极大地减少了投资者情绪波动的影响，避免在市场极度狂热或悲观的情况下，作出非理性的投资决策，提高了交易效率和准确度。

11.1.2 K线图技术理论

技术分析是金融界流行的分析方法，其中K线图技术作为典型的技术分析方法，被投资者普遍应用。K线图技术理论起源于18世纪日本大米市场，是指运用单个或多个K线图来预测未来市场的价格变化，通过记录并分析周期内市场的最高价、最低价、开盘价与收盘价四项数据来描述市场的价格行为。

K线图又称阴阳图、蜡烛图等，是由股票历史价格的最高价、最低价、开盘价、收盘价构成，并根据这四项历史价格数据的相对大小不同，又可以组成不同的K线图形态，可以通过观察K线图这四项指标来预测未来市场的变动状况。K线图技术得到投资者广泛应用，一方面是因为该投资分析方法有着较长的使用历史，支持者众多，另外一个主要原因是掌握K线图的相关技术是进行股票投资的基础，投资者在进行投资分析时一般都会使用到K线图。

投资者使用K线图技术，是为了获取更多未来市场价格走势的信号从而进行投资决策获得超额收益。根据信号显示内容的不同，可以将K线图分成持续形态的K线图和反转形态的K线图。持续形态的K线图表示未来股价将会延续现在的趋势，反转形态的K线图出现则意味着原来的股价趋势将会发生变化。通常反转形态的K线图信号更强烈，学者对反转形态K线图组合的研究也相对较多。根据原来股票价格的趋势，可以将反转形态的K线图分为看涨K线图和看跌K线图。处于股价上升趋势的反转形态K线图则意味着股价上升到最高点处，未来股票价格将会出现反转，股价开始下跌，常见的有俯冲之鹰、乌云盖顶、看跌吞没、黄昏星等形态；处于下降趋势的反转形态K线图意味着股价已经下跌至底部，可以买入出现该信号的股票，常见的包括看涨吞没、刺透线等K线形态。

本案例以Joseph E.Granville提出的八大交易法则为基础。参考平均线由下降逐渐走平，且有向上抬头的迹象，而当股价自平均线的下方向上突破平均线时是买进信号；平均线从上升趋势逐渐转为水平，且有向下跌的倾向，而当股价从平均线上方向下突破平均线时，为卖出信号。移动平均线作为平均成本的概念，当短期平均线向上穿过长期平均线时，说明股价有向上的趋势，出现买入信号；当短期平均线向下穿过长期平均线时，说明股价有向下的趋势，出现卖出信号。但是，在实际应用中会发现，长、短期平均线在一段时期内会频繁交叉，导致出现许多虚假的买卖点，如果仍然按照法则进行交易，就会产生亏损。

11.1.3 案例数据采集

在进行数据分析之前，我们首先需要采集金融股票交易数据。在Python中，有一个免费开源的Baostock金融数据接口，可以进行相应数据的下载，免费获取股票数据、指数数据、季频财务数据、季频公司报告、宏观经济数据、板块信息等一些股票分析的基础数据，并且返回的数据格式是DataFrame类型，这样我们就可以直接使用相关包进行数据处理和数据分析。

下面利用Python软件获取Baostock接口中指定股票的每日交易数据，存储在本地的"stock_data.xlsx"文件中，以及本地MySQL数据库的stock_data中，代码如下：

```
#导入相关包
import pymysql
import datetime
```

```python
import pandas as pd
import baostock as bs
from sqlalchemy import create_engine


#连接MySQL数据库
con = create_engine('mysql+pymysql://root:root@127.0.0.1:3306/
sales')


#读取中国船舶(600150)股票列表文件
list_stock = ['600150.sh']


#将股票信息整理为baostock可以使用的格式
list_stock_code = []
for stock_info in list_stock:
    #转换成函数需要的格式
    split_data = str(stock_info).split(".")
    if len(split_data) >1:
        stock_code = split_data[1] +"." + str(split_data[0]).
lower()
        list_stock_code.append(stock_code)
    else:
        print('stock code error {}'.format(stock_info))


#爬取股票数据
#登录系统
lg = bs.login()
#显示登录返回信息
if lg.error_code != '0':
    print('login respond  error_msg:' + lg.error_msg)


#需要获取的字段定义
str_get_data_name = "date,code,open,high,low,close,preclose,vol
ume,amount,adjustflag,turn,tradestatus,pctChg,peTTM,pbMRQ,psTTM,
pcfNcfTTM,isST"
#需要获取的数据日期
end_time = (datetime.date.today()).strftime("%Y-%m-%d")


for stock_code in list_stock_code:
    #使用query_history_k_data_plus函数获取日线数据
```

285

```
    rs = bs.query_history_k_data_plus(stock_code, str_get_
data_name,start_date='', end_date=end_time,frequency='d',
adjustflag='1')
    data_list = []
    while (rs.error_code == '0') & rs.next():
        #获取记录，并合并在一起
        temp_data = rs.get_row_data()
        data_list.append(temp_data)
    result = pd.DataFrame(data_list, columns=rs.fields)
    #数据保存到本地stock_data.xlsx文件中
    result.to_excel('stock_data.xlsx', index=False)
    #数据保存到MySQL数据库stock_data表中
    result.to_sql('stock_data', con, if_exists='replace',
index=False)

#退出登录系统
bs.logout()
```

下载的股票数据包含股票的每日开盘价、最高价、最低价、收盘价、成交量、成交金额、换手率等18个指标，具体如表11-1所示。

表11-1　交易数据字段

参数名称	参数描述	说明
date	交易日期	格式：YYYY-MM-DD
code	股票代码	格式：sh.600000。sh：上海；sz：深圳
open	开盘价	精度：小数点后4位；单位：人民币元
high	最高价	精度：小数点后4位；单位：人民币元
low	最低价	精度：小数点后4位；单位：人民币元
close	收盘价	精度：小数点后4位；单位：人民币元
preclose	昨日收盘价	精度：小数点后4位；单位：人民币元
volume	成交量	单位：股
amount	成交金额	精度：小数点后4位；单位：人民币元
adjustflag	复权状态	不复权、前复权、后复权
turn	换手率	精度：小数点后6位；单位：%
tradestatus	交易状态	1：正常交易；0：停牌
pctChg	涨跌幅	精度：小数点后6位
peTTM	滚动市盈率	精度：小数点后6位
psTTM	滚动市销率	精度：小数点后6位
pcfNcfTTM	滚动市现率	精度：小数点后6位
pbMRQ	市净率	精度：小数点后6位
isST	是否ST	1：是；0：否

286

11.2 数据基础分析

11.2.1 查看数据集信息

为了要查看数据的更多基础信息，可以使用info()方法。可以看出该数据一共有2033行，索引是时间格式，日期从2015年1月5日到2023年5月15日，代码如下：

```python
#导入相关包
import pymysql
import pandas as pd
from sqlalchemy import create_engine

#连接MySQL数据库
conn = create_engine('mysql+pymysql://root:root@127.0.0.1:3306/sales')
sql_num = "select * from stock_data"
stock_data = pd.read_sql(sql_num,conn)

#删除第二列股票代码code
stock_data.drop('code', axis=1, inplace=True)

#将数据按日期date排序
stock_data=stock_data.sort_values(by='date')
#打印数据的前5行
print(stock_data.info())
```

数据处理后还有17列，下面列出了每一列的名称和数据格式，运行结果如下：

```
<class 'pandas.core.frame.DataFrame'>
Int64Index: 2033 entries, 0 to 2032
Data columns (total 17 columns):
 #   Column         Non-Null Count   Dtype
---  ------         --------------   -----
 0   date           2033 non-null    object
 1   open           2033 non-null    object
 2   high           2033 non-null    object
 3   low            2033 non-null    object
```

```
4    close        2033 non-null    object
5    preclose     2033 non-null    object
6    volume       2033 non-null    object
7    amount       2033 non-null    object
8    adjustflag   2033 non-null    object
9    turn         2033 non-null    object
10   tradestatus  2033 non-null    object
11   pctChg       2033 non-null    object
12   peTTM        2033 non-null    object
13   pbMRQ        2033 non-null    object
14   psTTM        2033 non-null    object
15   pcfNcfTTM    2033 non-null    object
16   isST         2033 non-null    object
dtypes: object(17)
memory usage: 285.9+ KB
None
```

11.2.2 数据描述性分析

进行数据分析时，如果数据量很小，可以通过直接观察原始数据来获得所有的信息。但是当数据量很大时，就必须借助各种描述指标来完成对数据的描述工作。Python的describe( )函数用于生成描述性统计信息，数值类型的统计包括均值、标准差、最大值、最小值、分位数等；类别的统计包括个数、类别的数目、最高数量的类别及出现次数等。

下面对上述股票交易数据进行描述性分析，并对统计结果进行了转置，程序如下：

```
stock_desc = stock_data.describe()
#转置描述性统计结果
stock_desc_t = stock_data.describe().T
print(stock_desc_t)
```

运行结果如下：

```
       count  unique              top     freq
date    2033    2033       2015-01-05        1
open    2033    1556    61.3300887300      114
high    2033    1577    61.3300887300      114
```

low	2033	1553	61.3300887300	114	
close	2033	1597	61.3300887300	115	
preclose	2033	1599	61.3300887300	115	
volume	2033	1906	0	127	
amount	2033	1907	0.0000	127	
adjustflag	2033	1	1	2033	
turn	2033	1891	127		
tradestatus	2033	2	1	1906	
pctChg	2033	1859	0.000000	154	
peTTM	2033	1767	-13.802842	95	
pbMRQ	2033	1766	2.318210	95	
psTTM	2033	1765	2.080669	95	
pcfNcfTTM	2033	1767	-1193.783442	95	
isST	2033	2	0	1806	

11.2.3 数据可视化分析

○ （1）绘制股票成交量的时间序列图

在分析股票时，时间序列分析是观察变量如何随时间变化的有效方法。下面深入研究股票在2023年第一季度的交易情况，我们绘制其成交量的时间序列图，以时间为横坐标，每日的成交量为纵坐标，可以观察股票成交量随时间的变化情况，绘制图形的代码如下：

```
import matplotlib.pyplot as plt
#显示中文与正常显示负号
plt.rcParams['font.sans-serif'] = ['SimHei']
plt.rcParams['axes.unicode_minus']=False

#获取某个时间段内的时间序列数据
stock_data=stock_data.loc['2023-01-01':'2023-03-31']

#绘制折线图
stock_data['volume'].plot(grid=True,color='red',label='600150.
SH')
plt.title('2023年第一季度股票成交量分析', fontsize=20)
plt.xlabel('日期', fontsize=15)
plt.xticks(fontproperties='Times New Roman', size=15)
```

289

```
plt.ylabel('交易量', fontsize=15)
plt.yticks(fontproperties='Times New Roman', size=15)
plt.legend(loc='best',fontsize=15)
plt.show()
```

程序输出的时间序列图如图11-1所示。

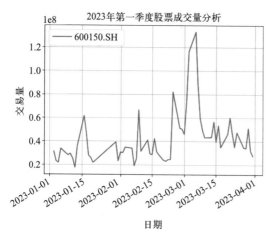

图 11-1　成交量时间序列图

○（2）绘制股票收盘价和成交量的时间序列图

为了分析收盘价和成交量之间的关系，下面绘制股票在2023年第一季度的收盘价和日成交量的时间序列图，因为两者之间的数值差异很大，所以分别采用主坐标轴和次坐标轴绘制图形，绘制复合图形的代码如下：

```
#导入第三方包
import pymysql
import pandas as pd
import matplotlib.pyplot as plt
from sqlalchemy import create_engine
#显示中文与正常显示负号
plt.rcParams['font.sans-serif'] = ['SimHei']
plt.rcParams['axes.unicode_minus']=False

#连接MySQL数据库
conn = create_engine('mysql+pymysql://root:root@127.0.0.1:3306/
sales')
```

290

```
sql_num = "SELECT date,CAST(volume as float) as volume,CAST(close
as float) as close FROM stock_data WHERE date>='2023-01-01' AND
date<='2023-03-31'"
stock_data = pd.read_sql(sql_num,conn)

#配置图形大小
plt.figure(figsize=(15,8))

#绘制折线图
ax  = stock_data.plot(x="date",y="volume",color="r",linewid
th=2.0)
ax2 = stock_data.plot(x="date",y="close", color="b", ax=ax,
secondary_y=True)

#配置图形参数
ax.yaxis.tick_right()
ax2.yaxis.tick_left()
plt.title('2023年第一季度收盘价与成交量分析', fontsize=20)
ax.set_xlabel("日期", color="r",fontsize=20)
ax.set_ylabel("成交量", color="r",fontsize=20)
ax2.set_ylabel("收盘价", color="b",fontsize=20)
ax.yaxis.set_label_position("right")
ax2.yaxis.set_label_position("left")

#设置x轴标签的字体大小
for label in ax.xaxis.get_ticklabels():
    label.set_fontsize(15),
    label.set_rotation(45)

#设置y轴标签的字体大小
for label in ax.yaxis.get_ticklabels():
    label.set_fontsize(15)
for label in ax2.yaxis.get_ticklabels():
    label.set_fontsize(15)

ax.legend(['成交量'],loc="upper right",fontsize=15)
ax2.legend(['收盘价'],loc="upper left",fontsize=15)
```

程序输出的时间序列图如图11-2所示。

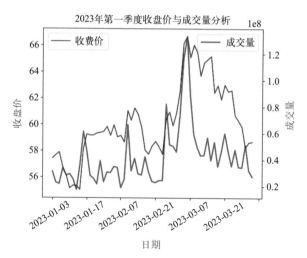

图 11-2　收盘价和成交量时间序列图

◯ （3）绘制股票价格走势的 K 线图

从 K 线图中，既可看到股价的趋势，也同时可以了解到每日市场的波动情形，下面使用 Pyecharts 库绘制股票在 2023 年第一季度的 K 线图，代码如下：

```
#声明Notebook类型，必须在引入pyecharts.charts等模块前声明
from pyecharts.globals import CurrentConfig, NotebookType
CurrentConfig.NOTEBOOK_TYPE = NotebookType.JUPYTER_LAB

import pymysql
from pyecharts import options as opts
from pyecharts.charts import Kline, Page

#连接MySQL数据库
conn = pymysql.connect(host='127.0.0.1',port=3306,user='root',pass
word='root',db='sales',charset='utf8')
cursor = conn.cursor()

#读取MySQL表数据
sql_num = "SELECT date,open,high,low,close FROM stocks WHERE
date>='2023-01-01' AND date<='2023-03-31'"
cursor.execute(sql_num)
sh = cursor.fetchall()

v1 = []
```

```python
v2 = []
for s in sh:
    v1.append([s[0]])
for s in sh:
    v2.append([s[1],s[2],s[3],s[4]])
data = v2

def kline_markline() -> Kline:
    c = (
        Kline()
        .add_xaxis(v1)
        .add_yaxis("价格",data,markline_opts=opts.
MarkLineOpts(data=[opts.MarkLineItem(type_="max", value_
dim="close")]),
        )
        .set_global_opts(
            xaxis_opts=opts.AxisOpts(is_scale=True,name='日
期',name_textstyle_opts=opts.TextStyleOpts(color='red',font_
size=20),axislabel_opts=opts.LabelOpts(font_size=15)),
            yaxis_opts=opts.AxisOpts(name='价格',name_textstyle_
opts=opts.TextStyleOpts(color='red',font_size=20), axislabel_
opts=opts.LabelOpts(font_size=15),is_scale=True,splitarea_
opts=opts.SplitAreaOpts(is_show=True,areastyle_opts=opts.
AreaStyleOpts(opacity=1)),name_location = "middle"),
            datazoom_opts=[opts.DataZoomOpts(pos_bottom="-2%")],
            title_opts=opts.TitleOpts(title="股票价格走势K线图"),
            toolbox_opts=opts.ToolboxOpts(),
            legend_opts=opts.LegendOpts(is_show=True,pos_left
='center',pos_top ='top',item_width = 25,item_height = 25)
        )
        .set_series_opts(label_opts=opts.LabelOpts(position='to
p',color='black',font_size=15))
    )
    return c

#第一次渲染时候调用load_javascript文件
kline_markline().load_javascript()
#展示数据可视化图表
kline_markline().render_notebook()
```

11

案例：金融量化交易分析

293

程序输出的K线图如图11-3所示。

图 11-3　K 线图

11.3　股票数据分析

11.3.1　指标相关性分析

◎ （1）变量散点图矩阵

下面挑选股票部分有代表性的指标，并使用Seaborn中的pairplot()函数，绘制出每个数值属性相对于其他数值属性的相关值，对角线是每个指标数据的直方图，包括：成交量（volume）、成交金额（amount）、换手率（turn）、滚动市盈率（peTTM）、市净率（pbMRQ）等5个指标。代码如下：

```
#导入第三方包
import pymysql
import pandas as pd
import seaborn as sns
import matplotlib.pyplot as plt
from sqlalchemy import create_engine

#连接MySQL数据库
```

294

```
conn = create_engine('mysql+pymysql://root:root@127.0.0.1:3306/
sales')
sql_num = "SELECT cast(volume/10000 as float) as
volume,cast(amount/10000 as float) as amount,cast(turn as float) as
turn,cast(peTTM as float) as peTTM,cast(pbMRQ as float) as pbMRQ
FROM stock_data WHERE date>='2023-01-01' AND date<='2023-03-31'"
df = pd.read_sql(sql_num,conn)

#绘制散点图矩阵
fig = plt.figure(figsize=(10, 6))
sns.pairplot(data=df, vars=df.iloc[:,0:4], diag_kind="kde",
markers="+",height = 1.5)
plt.show()
```

程序输出的散点图矩阵如图11-4所示。

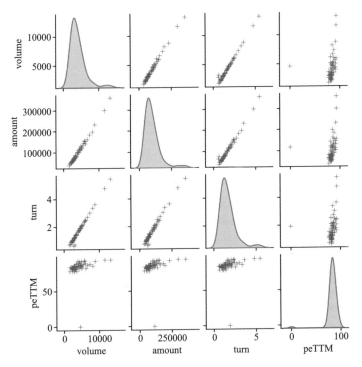

图11-4 散点图矩阵

从图11-4可以明显发现成交量（volume）、成交金额（amount）、换手率
（turn）三者之间有非常明显的线性关系。相关图可反映两个变量之间的相互关

系及其相关方向，但无法确切地表明两个变量之间相关的程度。

◯ （2）相关系数矩阵

相关系数是用以反映变量之间相关关系密切程度的统计指标。我们可以使用DataFrame的内置corr()函数来直接计算各指标数据间的相关系数，再使用Seaborn库中的heatmap()函数将相关系数矩阵可视化，代码如下：

```
#导入第三方包
import pymysql
import pandas as pd
import seaborn as sns
import matplotlib.pyplot as plt
from sqlalchemy import create_engine

#连接MySQL数据库
conn = create_engine('mysql+pymysql://root:root@127.0.0.1:3306/
sales')
sql_num = "SELECT cast(volume/10000 as float) as
volume,cast(amount/10000 as float) as amount,cast(turn as float) as
turn,cast(peTTM as float) as peTTM,cast(pbMRQ as float) as pbMRQ
FROM stock_data WHERE date>='2023-01-01' AND date<='2023-03-31'"
df = pd.read_sql(sql_num,conn)

#计算相关系数
cor = df.corr(method='pearson')

#设置字体参数
rc = {'font.sans-serif': 'SimHei',
      'axes.unicode_minus': False}
sns.set(font_scale=1.0,rc=rc)

#绘制相关系数热力图
sns.heatmap(cor,        #相关系数
            annot=True,    #显示相关系数的数据
            center=0.5,    #居中
            fmt='.4f',    #只显示两位小数
            linewidth=0.5,      #设置每个单元格的距离
            linecolor='blue',   #设置间距线的颜色
```

```
                    vmin=0, vmax=1,        #设置数值最小值和最大值
                    xticklabels=True, yticklabels=True,   #显示x轴和y轴
                    square=True,   #每个方格都是正方形
                    cbar=True,     #绘制颜色条
                    cmap='coolwarm_r',   #设置热力图颜色
                    )
plt.xticks(fontsize=15)
plt.yticks(fontsize=15)

#显示图片
plt.ion()
```

图形中用颜色来代表相关系数，输出如图11-5所示。

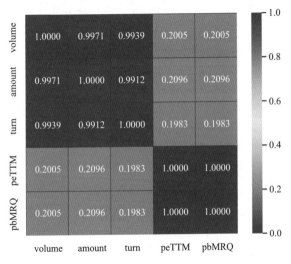

图 11-5　相关系数热力图

从图11-5可以看出，成交量（volume）与成交金额（amount）、换手率（turn）三者之间有强烈的正相关，相关系数分别是0.9971、0.9939，成交金额与换手率之间的相关系数为0.9912。用矩阵图表的方式分析多个指标或观察指标间的相关系数矩阵可以迅速找到强相关的指标。

11.3.2　指标趋势性分析

移动平均线（moving average，MA）是用统计分析的方法，将一定时期内的股票价格加以平均，并把不同时间的平均值连接起来，用以观察股票价格变

297

动趋势的一种技术指标，移动平均线具有抹平短期波动的作用，更能反映长期的走势。

下面使用股票数据中每日的收盘价（close），算出收盘价的5日均价和20日均价，并将均价的移动平均线与K线图画在一起，选取该股票2023年第一季度的数据进行分析，代码如下：

```
#导入第三方包
import pymysql
import pandas as pd
import seaborn as sns
import matplotlib.pyplot as plt
from sqlalchemy import create_engine
from mpl_finance import candlestick_ohlc

#连接MySQL数据库
conn = create_engine('mysql+pymysql://root:root@127.0.0.1:3306/
sales')
sql_num = "SELECT date,cast(close as float) as close FROM stocks
WHERE date>='2023-01-01' AND date<='2023-03-31'"
stock_data = pd.read_sql(sql_num,conn)

#计算5日均线和20日均线
stock_data['close_mean5']=np.round(stock_data['close'].
rolling(window=5,center=False).mean(),2)
stock_data['close_mean20']=np.round(stock_data['close'].
rolling(window=20,center=False).mean(),2)

#提取2023年第一季度数据
stock_data = stock_data.set_index('date')
data=stock_data.loc['2023-01-01':'2023-03-31']

#绘制K线图
fig = plt.figure(figsize=(16,9))
ax1 = fig.add_subplot(111)
data['close'].plot(ax=ax1, color='g', lw=2., legend=True)
data.close_mean5.plot(ax=ax1, color='r', lw=2., legend=True)
data.close_mean20.plot(ax=ax1, color='b', lw=2., legend=True)

#设置标题、刻度标签
```

```
plt.title('2023年第一季度股票5日均线和20日均线', fontsize=30)
plt.xlabel('日期', fontsize=25)
plt.xticks(fontproperties='Times New Roman', size=25)
plt.ylabel('收盘价', fontsize=25)
plt.yticks(fontproperties='Times New Roman', size=25)
plt.legend(loc='best',fontsize=25)

#显示网格线与图片
plt.show()
```

　　程序输出的K线图如图11-6所示，在图中比较5日均线和20日均线，特别是关注它们的交叉点，这些是交易的时机。移动平均线策略，最简单的方式就是：当5日均线从下方超越20日均线时，买入股票；当5日均线从上方越到20日均线之下时，卖出股票。

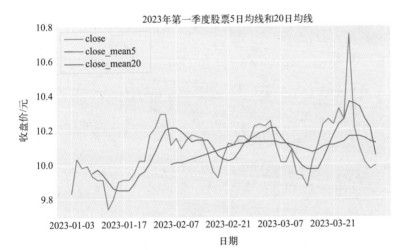

图11-6　5日均线与20日均线K线图

11.3.3　股票交易时机分析

　　为了找出交易的时机，我们计算5日均价和20日均价的差值，并取其正负号，当图中水平线出现跳跃的时候就是交易时机，代码如下：

```
#导入第三方包
import pymysql
import pandas as pd
import matplotlib.pyplot as plt
```

```
from sqlalchemy import create_engine

#连接MySQL数据库
conn = create_engine('mysql+pymysql://root:root@127.0.0.1:3306/
sales')
sql_num = "SELECT date,cast(close as float) as close FROM stocks
WHERE date>='2023-01-01' AND date<='2023-03-31'"
stock_data = pd.read_sql(sql_num,conn)

#计算5日均线和20日均线
stock_data['close_mean5']=np.round(stock_data['close'].
rolling(window=5,center=False).mean(),2)
stock_data['close_mean20']=np.round(stock_data['close'].
rolling(window=20,center=False).mean(),2)

#计算5日均价和20日均价差值
stock_data['close_m5-20']=stock_data['close_mean5']-stock_
data['close_mean20']
stock_data['diff']=np.sign(stock_data['close_m5-20'])

#提取2023年第一季度数据
stock_data = stock_data.set_index('date')
data=stock_data.loc['2023-01-01':'2023-03-31']
data['diff'].plot(ylim=(-2,2)).axhline(y=0,color='black',lw=2)

#设置标题、刻度标签
plt.title('2023年第一季度股票交易时机分析', fontsize=20)
plt.xlabel('日期', fontsize=15)
plt.xticks(fontproperties='Times New Roman', size=15,rotation=45)
plt.ylabel('差值', fontsize=15)
plt.yticks(fontproperties='Times New Roman', size=15)
plt.legend(labels=["差值"],loc='best',fontsize=15)

#显示图形
plt.show()
```

程序输出的图形如图11-7所示。

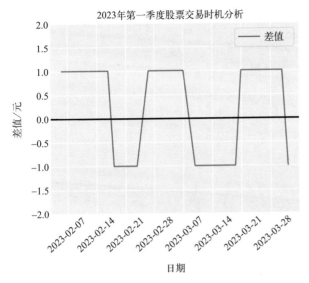

图 11-7　股票交易时机分析

11.3.4　股票交易策略分析

为了方便我们更直观地观察，取上述计算得到的均价差值，再取其相邻日期的差值，得到信号指标。当信号为 1 时，表示买入股票；当信号为 –1 时，表示卖出股票；当信号为 0 时，不进行任何操作。代码如下：

```
sign = np.sign(data['diff'] - data['diff'].shift(1))
sign.plot(ylim=(-2,2))

#设置标题、刻度标签
plt.title('2023年第一季度股票交易策略分析', fontsize=20)
plt.xlabel('日期', fontsize=15)
plt.xticks(fontproperties='Times New Roman', size=15,rotation=45)
plt.ylabel('差值', fontsize=15)
plt.yticks(fontproperties='Times New Roman', size=15)

#显示图形
plt.show()
```

程序输出的图形如图 11-8 所示。

301

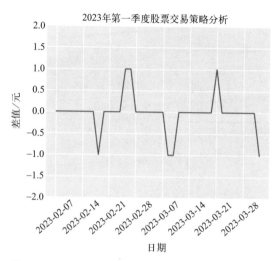

图 11-8　股票交易策略分析

　　从图 11-8 可以看出，在 2023 年第一季度有 3 轮买进和 4 轮卖出的时机，看一下具体的交易详情，代码如下：

```
#统计买进和卖出的时机
trade = pd.concat([pd.DataFrame({"price": data.loc[sign == 1,
"close"],"operation": "Buy"}),pd.DataFrame({"price": data.
loc[sign == -1, "close"],"operation": "Sell"})])
trade.sort_index(inplace=True)
print(trade)
```

　　运行结果如下：

```
 date          price        operation
2023-02-17      9.92         Sell
2023-02-24      10.16        Buy
2023-02-27      10.13        Buy
2023-03-08      10.01        Sell
2023-03-09      10.08        Sell
2023-03-21      10.23        Buy
2023-03-31      9.99         Sell
```

　　上述列出了交易日期、当天的价格和量化操作，但是发现交易的卖出价低于买入价，按上述方法交易不能实现收益。

302

11.4 案例小结

基于移动平均线的投资策略是投资实践中经常使用的一种技术分析方法，也是准确率最高的技术评价体系，移动平均线策略的重点就是根据均线的形态来判断股价走势。

本案例使用2023年第一季度的中国船舶（600150）股票交易数据，基于收盘价的5日均线和20日均线，对其交易策略进行了深入研究，通过分析发现操作不能产生收益。

如果考虑更长的时间跨度，比如1年、3年，并考虑更长的均线，比如将60日均线和120日均线比较，虽然过程中也有亏损的时候，但是实现收益的概率可能会提升。

12

案例：武汉市空气质量分析

随着我国经济的快速发展，空气质量区域性特性日渐明显。武汉市经济迅速发展的同时，环境污染问题也得到明显改善，主要环境影响因素指标有$PM_{2.5}$、PM_{10}、SO_2、NO_2、CO、O_3等六种污染物。本章利用Python软件对2014年至2022年武汉市的空气质量数据进行可视化分析。

扫码看电子书

为方便读者学习，提高效率，本章内容提供电子版，扫二维码即可阅读。

13

案例：阿尔茨海默病特征分析

阿尔茨海默病又称"老年性痴呆"，它是一类主要发生于老年人且以进行性认知功能障碍、行为损害为特征的中枢神经系统退行性病变。目前，全球约有5000万人罹患阿尔茨海默病，随着人类平均寿命增长，阿尔茨海默病的患病率也在不断上升，预计到2050年，阿尔茨海默病患者将增加至1.5亿以上。本案例将通过对收集的阿尔茨海默病检查数据进行清洗与建模，挖掘阿尔茨海默病诊断的相关性等。

扫码看电子书

为方便读者学习，提高效率，本章内容提供电子版，扫二维码即可阅读。

附录

为方便读者学习，提高学习效率，这部分内容以电子版的形式提供，扫下方二维码即可阅读。

电子版内容如下：

附录 A　Python 学习 50 问

附录 B　Python 常用第三方包

扫码阅读

参考文献

［1］ 王宇韬,钱妍竹. Python大数据分析与机器学习商业案例实战［M］. 北京：机械工业出版社，2020：68-161.

［2］ 明日科技，高春艳，刘志铭. Python数据分析从入门到实践（全彩版）［M］. 吉林：吉林大学出版社，2020：55-109.

［3］ 张玉宏. Python极简讲义：一本书入门数据分析与机器学习［M］. 北京：电子工业出版社，2020：77-151.

［4］ 刘瑜. Python编程从数据分析到机器学习实践（微课视频版）［M］. 北京：中国水利水电出版社，2020：38-79.

［5］ 王国平. Python数据可视化之Matplotlib与Pyecharts［M］. 清华大学出版社：北京，2020：105-227.

［6］ 张杰. Python数据可视化之美(专业图表绘制指南)［M］. 北京：电子工业出版社，2020：30-74.

［7］ 高博，刘冰，李力. Python数据分析与可视化从入门到精通［M］. 北京：北京大学出版社，2020：239-262.

［8］ 唐宇迪. 跟着迪哥学Python数据分析与机器学习实战［M］. 北京：人民邮电出版社，2019：63-127.

［9］ 翟锟，胡锋，周晓然. Python机器学习：数据分析与评分卡建模（微课版）［M］. 北京：清华大学出版社，2019：49-183.

［10］ 刘大成. Python数据可视化之matplotlib精进［M］. 北京：电子工业出版社，2019：176-181.

［11］ 李迎. Python可视化数据分析［M］. 北京：中国铁道出版社，2019：36-68.

［12］ 屈希峰. Python数据可视化：基于Bokeh的可视化绘图［M］. 北京：机械工业出版社，2019：66-101.

［13］ 韦斯·麦金尼. 利用Python进行数据分析：原书第2版［M］. 徐敬一，译. 机械工业出版社：北京，2018：56-201.

［14］ 龙马高新教育. Python 3数据分析与机器学习实战［M］. 北京：北京大学出版社，2018：85-132.

［15］ 杰克·万托布拉斯. Python数据科学手册［M］. 陶俊杰，陈小莉，译. 北京：人民邮电出版社，2018：71-156.

［16］ 沈祥壮. Python数据分析入门：从数据获取到可视化［M］. 北京：电子工业出版社，2018：188-231.